国家重点研发计划课题"海洋内部混合过程参数化及实验验证"（编号：2016YFC1401404）

CDO 软件在气象数据处理中的应用

宋 丹 著

中国海洋大学出版社

·青岛·

内容简介　气候数据处理软件(CDO)是由德国马克斯普朗克气象研究所开发的一套针对 netCDF、GRIB 和 HDF5 格式数据集的处理软件,主要用于气候模型和预报模型数据的标准化处理,同时也适用于其它标准 netCDF、GRIB 和 HDF5 格式的数据集,比如一些卫星遥感数据、海洋模型数据的后处理等。CDO 提供超过七百个可用运算符,实现诸如数据选择、拆分、合并、统计分析、空间插值等功能,指令极为简单,执行快速准确。本书作者根据英文版 CDO 操作手册,结合多年实际工作经验,提供应用范例,编撰成册,供相关工作者参考。

图书在版编目(CIP)数据

CDO 软件在气象数据处理中的应用/宋丹著. —青岛:中国海洋大学出版社,2018.9(2020.12 重印)

ISBN 978-7-5670-1998-0

Ⅰ.①C… Ⅱ.①宋… Ⅲ.①气象数据—数据处理—应用软件 Ⅳ.①P416—39

中国版本图书馆 CIP 数据核字(2018)第 220777 号

出版发行	中国海洋大学出版社
社　　址	青岛市香港东路 23 号
邮政编码	266071
出 版 人	杨立敏
网　　址	http://www.ouc-press.com
电子邮箱	2586345806@qq.com
订购电话	0532-82032573(传真)
责任编辑	邓志科
电　　话	0532-85901040
印　　制	日照报业印刷有限公司
版　　次	2018 年 9 月第 1 版
印　　次	2020 年 12 月第 2 次印刷
成品尺寸	170 mm×230 mm
印　　张	11.25
字　　数	200 千
印　　数	1～1000
定　　价	38.00 元

发现印刷质量问题,请联系 0633-8221365,由印刷厂负责调换。

目 录

第 1 章 引 言

1.1 简介

    CDO(Climate Data Operators,气候数据操作符集)是由德国马克斯-普朗克气象研究所(Max-Planck Institute for Meteorology,MPI-MET)开发维护的一款操作符集软件,它提供超过 700 个可用操作符,用于对气候、气象数据和数值模型数据进行标准化处理。

    CDO 支持的数据格式包括常见的 GRIB(GRIdded Binary form,二进制格点格式)、netCDF(network Common Data Form,通用网络数据格式)、HDF(Hierarchical Data Format,分层数据格式)和 MPI-MET 特有的 SERVICE、EXTRA 和 IEG 数据格式。因此,CDO 软件也可应用于采用这些格式进行数据发布的其它领域,如卫星遥感数据、海洋模型数据的处理等。

    CDO 软件的主要功能包括但不限于:

※ 数据文件操作(如查询、对比、复制、替换、拆分、合并等)。

※ 数据的提取(提取特定变量、时间、经纬度等)和重组。

※ 数据的简单运算(如加减乘除、求平均、求方差、求极值等)。

※ 数据的统计分析(如相关分析、线性回归、EOF 分解、滤波等)。

※ 数据的格式转换(GRIB、netCDF、HDF 等格式之间的转换)。

※ 数据的插值(如双线性插值、非结构网格到正交网格的重映射等)。

※ 气候指数(如尼诺指数、PDO 指数等)的计算。

以上所有功能,均可用一句简单的指令或一组指令集来实现。另外,在 Linux 或 UNIX 操作系统下,还可通过编写 BASH 脚本实现更多复杂功能。

1.2 安装

1.2.1 Windows 支持

CDO 原本是应用于 Linux/UNIX 操作系统的开源软件,尽管从 1.5.1 版本开始发行 Windows 版,但 Windows 版目前尚未实现 CDO 的全部功能,而且其易用性也不如在 Linux 操作系统下来得方便。

如用户确实需要在 Windows 操作系统下使用 CDO,目前主要有两种方法。一种方法是下载 Win32 版本的安装程序 cdo-$VERSION-win32.zip,解压缩之后,获得两个文件:cdo.exe 和 pthreadGC2.dll,将这两个文件复制到包含在环境变量 $PATH 的文件夹中,或将其所在文件夹的路径添加到环境变量 $PATH 中。另一种方法是首先安装 Cygwin(在 Windows 系统下提供类 Linux 操作环境的一款软件),并预安装 gcc4、ssl + ssh、curl、zlib 等依赖关系,然后下载 cdo-x.x.x-cygwin64.zip,解压得到 cdo.exe 文件,将其复制到 Cygwin 安装目录下的 bin 文件夹中,即可在 Cygwin 的 BASH 中调用 CDO。

1.2.2 从软件源安装

在 Ubuntu 等 Debian 类 Linux 操作系统下,直接在终端(Xterm)运行:
sudo apt-get install cdo
即可完成安装。

1.2.3 从源代码进行编译安装

对于非 Debian 类 Linux 操作系统,或运行 UNIX 操作系统的大型机,可从 CDO 源代码进行编译安装。CDO 使用 GNU 配置和构建系统进行编译,唯一的要求是有效的 ANSI C99 编译器。

首先,去软件下载页(https://code.zmaw.de/projects/cdo)获取最新版本的 CDO 源代码压缩包(cdo-$VERSION.tar.gz)。

建议预安装以下附加库以实现 CDO 的全部功能:

Unidata netCDF 库(http://www.unidata.ucar.edu/packages/netcdf)版本 3 或更高,该库用来处理 netCDF 文件。

ECMWF GRIB_API 库(http://www.ecmwf.int/products/data/software/grib_api.html)版本 1.12 或更高,该库用来处理 GRIB2 文件。

HDF5 szip 库(http://www.hdfgroup.org/doc_resource/SZIP)版本 2.1 或更高,该库用处理 szip 压缩 GRIB 文件。

HDF5 库(http://www.hdfgroup.org/HDF5)版本 1.6 或更高,该库用来导入 CM-SAF HDF5 格式文件以供操作符 import_cmsaf 处理。

PROJ.4 库(http://trac.osgeo.org/proj)版本 4.6 或更高,实现将正弦坐标和兰伯特方位等面积坐标转化为地理坐标,即地图重映射功能。

通过以下步骤完成编译和安装：

（1）解压存档（如尚未解压）：

gunzip cdo-$VERSION.tar.gz

tar xf cdo-$VERSION.tar

cd cdo-$VERSION

（2）运行配置脚本：

./configure

可选择支持 netCDF：

./configure --with-netcdf=<netCDF root directory>

或支持 GRIB_API：

./configure --with-grib_api=<GRIB_API root directory>

查看其他配置选项：

./configure - help

（3）运行 make 命令进行编译：

make

程序编译过程中一般不会出现问题，二进制可执行文件（cdo）可以在编译生成的 src 目录中找到。

（4）在源代码编译完成后进行 make 安装：

make install

对目标路径的访问有可能需要 root 权限。

二进制可执行文件安装在<prefix>/bin 目录下，<prefix>默认指向/usr/local，但可以通过配置脚本的-prefix 选项进行更改。

或者，用户也可以手动将二进制可执行文件从 src 目录复制到搜索路径中的任何一个 bin 目录下。

1.3 调用

在 Linux/UNIX 操作系统下，通过终端对 CDO 进行调用，基本语法为：

cdo [Options] Operator1 [-Operator2[-Operator3···[-OperatorN]]]

其中，Options 是选项，Operator1-N 是实现各种运算的操作符。

1.3.1 选项

所有选项都必须放在第一个操作符前。以下选项可供所有操作符使用：

-a   生成绝对时间轴。

-b <nbits>　　　设置输出精度。有效精度取决于文件格式：

<format>	<nbits>
grb、grb2	P1-P24
nc、nc2、nc4、nc4c	I8/I16/I32/F32/F64
grb2、srv、ext、ieg	F32/F64

对于 srv、ext 和 ieg 格式，可添加字母 L 或 B 以设置字节顺序为低位优先或高位优先。

-f <format> 设置输出文件格式。有效的文件格式包括：

文件格式	<format>
GRIB 版本 1	grb
GRIB 版本 2	grb2
netCDF	nc
netCDF 版本 2（64 位）	nc2
netCDF-4（HDF5）	nc4
netCDF-4classic	nc4c
SERVICE	srv
EXTRA	ext
IEG	ieg

只有 CDO 软件在 GRIB_API 支持下进行编译，GRIB2 格式才可用；同样的，只有在 netCDF 支持下进行编译，所有 netCDF 文件类型才可用。

-g <grid>　　　　　根据名称或文件定义默认网格描述。

　　　　　　　　　　可用网格名称有：r<NX>x<NY>、lon=<LON>/
　　　　　　　　　　lat=<LAT>、n<N>、gme<NI>

-h,--help　　　　　提供操作符的帮助信息。

--no_history　　　不附加 netCDF 的历史全局属性。

--netcdf_hdr_pad、　--hdr_pad,--header_pad <nbr>
　　　　　　　　　　用 nbr 字节填充 netCDF 文件抬头。

-k <chunktype>　　指定 NetCDF4 的块类型：自动、网格或线。

-L　　　　　　　　锁定 输入/输出（顺序访问）。

-M　　　　　　　　输入/输出流缺省值指示开关。

-m <missval>　　　设置默认缺省值值（默认为-9e+33）。

-O	如果存在,覆盖现有输出文件。
	仅针对 ens＜STAT＞、merge、mergetime 操作符检查现有输出文件
-P ＜nthreads＞	设置 OpenMP 线程数(仅当在 OpenMP 支持下编译时才可用)。
-Q	将 netCDF 变量名按字母-数字排序。
--reduce_dim	减少 netCDF 维度(模块:TIMSTAT、FLDSTAT)。
-R,--regular	将 GRIB1 数据由约化网格转化为常规网格(仅在安装有 cgribex 库时可用)。
-r	生成相对时间轴。
-S	为模块 TIMSTAT 创建一个额外的输出流,包括每个输出周期的非缺失值数量。
-s,--silent	静默模式。
-t ＜partab＞	设置 GRIB1 默认变量表的名称或文件。
	预定义的变量表名称包括:echam4 echam5 echam6 mpiom1 ecmwf remo
-V,--version	打印版本号。
-v,--verbose	为一些操作符打印额外信息。
-W	打印额外的警告信息。
-z szip	对 GRIB1 记录进行 SZIP 压缩。
jpeg	对 GRIB2 记录进行 JPEG 压缩。
zip[_1-9]	解压缩 netCDF4 变量。

1.3.2 环境变量

某些环境变量会影响 CDO 的运行。部分清单详见附录 A。

以下为不同 shells 设置环境变量的示例 CDO_RESET_HISTORY:

Bourne shell (sh): CDO_RESET_HISTORY=1;export CDO_RESET _HISTORY

Korn shell (ksh): export CDO_RESET_HISTORY=1

C shell (csh): setenv CDO_RESET_HISTORY 1

1.3.3 操作符

可用操作符超过 700 个。在参考手册部分中可以找到关于所有操作符的详细描述。

1.3.4 操作符链接

所有具有固定输入流和输出流的操作符均可将结果直接输送给其它操作符,操作符必须以"-"开头以便和其它操作符链接。可以通过以下方式提高性能:

· 减少不必要的磁盘输入/输出
· 并行处理

例如,用

cdo sub -dayavg ifile2 -timavg ifile1 ofile

代替

cdo timavg ifile1 tmp1

cdo dayavg ifile2 tmp2

cdo sub tmp2 tmp1 ofile

rm tmp1 tmp2

如果操作符具有多重输入流,所有具有任意输入流(ifiles)的操作符无法与其它操作符链接。这些操作符主要包括:copy、cat、merge、mergetime、select、ens<ST AT >。

如果输入流的名字由通配符产生,就使用单引号。在这种情况下,CDO将进行模式匹配,输出可以与其他操作符相链接。以下是该特性的示例:

cdo timavg -select,name=temperature 'ifile?' ofile

CDO内部的通配符扩展使用的是 $glob()$ 函数。因此,如果没有 $glob()$ 函数,运算系统内部的通配符扩展就无法进行。

注意:操作符链接是在 POSIX 线程(pthreads)中进行的。因此,如果没有 POSIX 线程(pthreads)支持,CDO 运行系统功能就不可用!

1.3.5 并行操作符

某些 CDO 操作符与 OpenMP 并行共享内存。使用此特性需使用支持 OpenMP 的 C 编译器。用户可要求一个特别编号的带有"-P"转换的 OpenMP 线程。

以下是在 8 OpenMP 线程上分配双线性插值的示例:

cdo -P 8 remapbil,targetgrid ifile ofile

许多 CDO 操作符是 I/O 密集型的,这意味着大部分时间都花在读写数据上,而只有计算密集型的 CDO 操作符是可以并行的。在附录 B 中可找到 OpenMP 并行操作符的部分清单。

1.3.6 操作符参数

某些操作符需一个或多个参数,这些参数由分隔符','隔开。以下给出一些常见的参数类型及应用示例

· STRING:不含空格和制表符(TAB)且不带引号的字符。例如,以下命令将选择带有名称 pressure 和 tsurf 的变量:

cdo selvar,pressure,tsurf ifile ofile

· FLOAT:任何形式的浮点数。例如,以下命令将把所有 0 到 273.15 之间的值设为缺省值:

cdo setrtomiss,0,273.15 ifile ofile

· INTEGER:一系列的整型参数,可以由 first/last[/inc]指定。例如,以下命令将选择第 5～9 天的数据:

cdo selday,5/9 ifile ofile

其结果与下面这个语句相同:

cdo selday,5,6,7,8,9 ifile ofile

1.4 水平网格

气候、气象数据和数值模型数据通常存储在网格单元内。按照 65,455×32,727 个网格单元数,即 1/180 度分辨率的全球经/纬度网格,CDO 所支持的网格单元最大数目(INT_MAX)是 2147483647。

1.4.1 网格面积权重

由于水平网格点之间的距离一般不相同,每个网格单元的面积也不相同。面积权重是每个网格单元的单独权重,当需要计算一组网格数据的面积加权均值或方差的时候(例如:fldmean -所有网格单元的平均值),需要首先计算面积权重。在 CDO 中,面积权重来自网格单元的面积。如果网格点的地理坐标是可知的或可推导的,CDO 将根据网格点的地理坐标计算网格单元的面积权重;否则,CDO 将给出警告信息并将所有网格单元的面积权重设为常数。

如果变量具有相应的"cell_measures"属性,能从 netCDF 输入文件中自动读取单元面积,例如:

```
var:cell_measures = 'area: cell_area' ;
```

如果无需计算单元格面积,CDO 运算符 setgridarea 可用于设置或覆盖网格

单元格区域。

1.4.2 网格描述

在以下情况中,有必要对水平网格进行描述:

- 改变网格描述(运算符:setgrid)
- 水平插值(运算符:remapXXX 和 genXXX)
- 变量的生成(运算符:const、random)

以下几种方法可定义水平网格。

1.4.2.1 预定义网格

预定义网格可用于全球常规、高斯或二十面体六边形 GME 网格。

全球常规网格:global_<DXY>

global_<DXY>定义全球常规经/纬网格。网格增量<DXY>可以随意选择。经度始于<DXY>/2 - 180°,纬度始于<DXY>/2 - 90°。

全球常规网格:r<NX>x<NY>

r<NX>x<NY>定义全球常规经/纬网格。经度数<NX>和纬度数<NY>可以随意选择。经度始于 0°,增量为(360/<NX>)°。纬度从南向北,增量为(180/<NX>)°。

单个网格点:lon=<LON>/lat=<LAT>

lon=<LON>/lat=<LAT>以单个网格点定义经/纬网格。

全球高斯网格:n<N>

n<N>定义全球高斯网格。N 指定了两极和赤道之间纬度线的数目。经度始于 0°,增量为(360/nlon)°。高斯纬度从北向南。

全球二十面体六边形 GME 网格:gme<NI>

gme<NI>定义全球二十面体六边形 GME 网格。NI 指定了主三角形边上的间隔数目。

1.4.2.2 数据文件网格

您可以从其他数据文件中使用网格描述。数据文件格式和数据领域网格必须由 CDO 支持。使用运算符"sinfo"获取关于您的变量和网格的短信息。如果数据文件中含有多个网格,使用第一个变量的网格描述。

1.4.2.3 SCRIP 网格

SCRIP(球面坐标映射和插值软件包)对曲线和非结构网格使用公共网格描

述。关于约定的更多信息,参阅[SCRIP]。此网格描述存储在 netCDF。因此,只有当 CDO 在 netCDF 支持下进行编译时才可用!

曲线 MPIOM GROB3 网格的 SCRIP 网格描述示例(仅 netCDF 标题):

```
netcdf grob3s {
dimensions:
        grid_size = 12120 ;
        grid_xsize = 120 ;
        grid_ysize = 101 ;
        grid_corners = 4 ;
        grid_rank = 2 ;
variables:
        int grid_dims(grid_rank) ;
        float grid_center_lat(grid_ysize, grid_xsize) ;
                grid_center_lat:units = 'degrees' ;
                grid_center_lat:bounds = 'grid_corner_lat' ;
        float grid_center_lon(grid_ysize, grid_xsize) ;
                grid_center_lon:units = 'degrees' ;
                grid_center_lon:bounds = 'grid_corner_lon' ;
        int grid_imask(grid_ysize, grid_xsize) ;
                grid_imask:units = 'unitless' ;
                grid_imask:coordinates = 'grid_center_lon grid_center_lat' ;
        float grid_corner_lat(grid_ysize, grid_xsize, grid_corners) ;
                grid_corner_lat:units = 'degrees' ;
        float grid_corner_lon(grid_ysize, grid_xsize, grid_corners) ;
                grid_corner_lon:units = 'degrees' ;

// global attributes:
                :title = 'grob3s' ;
}
```

1.4.2.4 CDO 网格

所有支持性网格也可以与 CDO 网格描述一起描述。下面的关键字可以用来描述网格:

关键字	数据类型	描述
gridtype	STRING	网格类型(高斯、经纬、曲线、非结构化)。
gridsize	INTEGER	网格尺寸。
xsize	INTEGER	x 方向的尺寸(经度数)。
ysize	INTEGER	y 方向的尺寸(纬度数)。
xvals	FLOAT ARRAY	网格单元中心 X 值。
yvals	FLOAT ARRAY	网格单元中心 Y 值。
xnpole	FLOAT	北极 X 值(旋转网格)。
ynpole	FLOAT	北极 Y 值(旋转网格)。
angle	FLOAT	北极旋转角度(default:0)。
nvertex	INTEGER	所有网格单元的顶点数。
xbounds	FLOAT ARRAY	每个网框 X 界限。
ybounds	FLOAT ARRAY	每个网框 Y 界限。

关键字	数据类型	描述
xfirst, xinc	FLOAT, FLOAT	宏以持续增量定义 xvals, xfirst 是第一个网格单元中心的 x 值。
yfirst, yinc	FLOAT, FLOAT	宏以持续增量定义 yvals, yfirst 是第一个网格单元中心的 y 值。

关键字取决于网格类型。下表给出了默认值或关于不同网格类型尺寸的概述。

网格类型	经纬	高斯	曲线	非结构化
gridsize	xsize * ysize	xsize * ysize	xsize * ysize	ncell
xsize	nlon	nlon	nlon	gridsize
ysize	nlat	nlat	nlat	gridsize
xvals	xsize	xsize	gridsize	gridsize
yvals	ysize	ysize	gridsize	gridsize
xnpole	0			
ynpole	90			
angle	0			
nvertex	2	2	4	nv
xbounds	2 * xsize	2 * xsize	4 * gridsize	nv * gridsize
ybounds	2 * ysize	2 * ysize	4 * gridsize	nv * gridsize

如果无需面积加权,关键字顶点、xbounds 和 ybounds 是可选的。网格单元角 xbounds 和 ybounds 必须逆时针旋转。

T21 高斯网格的 CDO 网格描述示例:

```
gridtype = gaussian
xsize    = 64
ysize    = 32
xfirst   = 0
xinc     = 5.625
yvals    = 85.76   80.27   74.75   69.21   63.68   58.14   52.61   47.07
           41.53   36.00   30.46   24.92   19.38   13.84    8.31    2.77
           -2.77   -8.31  -13.84  -19.38  -24.92  -30.46  -36.00  -41.53
          -47.07  -52.61  -58.14  -63.68  -69.21  -74.75  -80.27  -85.76
```

60×30 点的全球规则网格的 CDO 网格描述示例:

```
gridtype = lonlat
xsize    = 60
ysize    = 30
xfirst   = -177
xinc     = 6
yfirst   = -87
yinc     = 6
```

对于具有旋转极点的经/纬网格,必须定义北极。只要您定义的关键字 xn-pole/ynpole 所有坐标值是根据旋转系统而言的。

区域旋转经/纬度网格的 CDO 描述示例:

```
gridtype  =  lonlat
xsize     =  81
ysize     =  91
xfirst    =  -19.5
xinc      =   0.5
yfirst    =  -25.0
yinc      =   0.5
xnpole    =  -170
ynpole    =  32.5
```

曲线和非结构网格的 CDO 描述示例详见附录 C。

1.5　Z 轴描述

在需要改变 z 轴描述时,可以由运算符 setzaxis 完成,此运算符需要一个 ASCII 格式文件的 z 轴描述。下列关键字可用来描述 z 轴:

关键字	数据类型	描述
zaxistype	STRING	z 轴类型
size	INTEGER	层数
levels	FLOAT ARRAY	层值
lbounds	FLOAT ARRAY	低水平界限
ubounds	FLOAT ARRAY	高水平界限
vctsize	INTEGER	垂直坐标参数数目
vct	FLOAT ARRAY	垂直坐标表

关键字 lbounds 和 ubounds 是可选的。vctsize 和 vct 只需定义混合模型层。

可用的 z 轴类型:

Z 轴类型	描述	单位
表面	表面	
压力	压力水平	帕斯卡
混合	混合模型水平	
高度	对地高度	米
海下深度	海平面下深度	米
下深度	陆平面下深度	厘米
等熵	等熵(θ)水平	开尔文

用于压力等级 100、200、500、850 和 1000 hPa 的 z 轴描述示例：

```
zaxistype = pressure
size      = 5
levels    = 10000 20000 50000 85000 100000
```

ECHAM5 L19 混合模型层的 z 轴描述示例：

```
zaxistype = hybrid
size      = 19
levels    = 1 2 3 4 5 6 7 8 9 10 11 12 13 14 15 16 17 18 19
vctsize   = 40
vct       = 0 2000 4000 6046.10938 8267.92578 10609.5117 12851.1016 14698.5
            15861.125 16116.2383 15356.9258 13621.4609 11101.5625 8127.14453
            5125.14062 2549.96875 783.195068 0 0 0
            0 0 0.000338993268 0.00335718691 0.0130700432 0.0340771675
            0.0706498027 0.12591666 0.201195419 0.295519829 0.405408859
            0.524931908 0.646107674 0.759697914 0.856437683 0.928747177
            0.972985268 0.992281914 1
```

注意，vctsize 是正二级数量的两倍，必须为水平界面指定垂直坐标表。

1.6 时间轴

时间轴描述每个时间步的时间。两个时间轴类型可用：绝对时间和相对时间轴。CDO 试图保持所有运算符时间轴的实际类型。

1.6.1 绝对时间

绝对时间轴有每个时间步的当前时间。无需知道日历就可以使用它，可更好的应用于气候模型。在 netCDF 文件中，绝对时间轴由时间单位呈现："day as %Y%m%d. %f"。

1.6.2 相对时间

相对时间是相对于固定参考时间的时间。当前时间由参考时间和运行间隔时间产生。结果取决于使用的日历。CDO 支持标准公历、皆使用前公历、360 天、365 天和 366 天日历。相对时间轴最好用于数值天气预报模型。在 netCDF 文件中，相对时间轴由时间单位呈现："time-units since reference-time"，例如 "days since 1989-6-15 12:00"。

1.6.3 时间转换

和 NetCDF 数据一起运行的某些程序只能处理相对时间轴。因此，有必要将绝对时间轴转换为相对时间轴。可对每个带有 CDO 选项"-r"的运算符进行此转换。使用 CDO 选项"-a"可将相对时间轴转换为绝对时间轴。

1.7 参数表

参数表是将代码编号转换为变量名的 ASCII 格式文件。在空白的分隔名单中,每个变量都有一行代码编号、名称和可选单元的说明。仅用于 GRIB、SERVICE、EXTRA 和 IEG 格式文件。CDO 选项"-t <partab>"为所有输入文件设置默认参数表。使用运算符"setpartab"为特定文件设置参数表。

CDO 参数表示例:

```
134  aps     surface pressure [Pa]
141  sn      snow depth [m]
147  ahfl    latent heat flux [W/m**2]
172  slm     land sea mask
175  albedo  surface albedo
211  siced   ice depth [m]
```

1.8 缺省值

大多数运算符可以处理缺省值。GRIB、SERVICE、EXTRA 和 IEG 文件默认的缺省值为 $-9.e^{\wedge}33$。CDO 选项"-m <missval>"改写缺省值。在 netCDF 文件中,变量属性"_FillValue"作为缺省值使用。运算符"setmissval"可用来设置新的缺省值。

缺省值的 CDO 使用如下表所示,每个运算符都打印一个表。运算符适用于任意数 a、b、特例 0 和缺省值 miss。例如,"addition"表显示任意数 a 和缺省值的和是缺省值,"multiplication"表显示 0 乘以缺省值结果为 0。

运算符"minimum"和"maximum"对于缺失值的处理超乎想象,但这里给出的定义更符合实践中的预期。如果 argument 是缺失值或 argument 超出范围,数学函数(例如 log、sqrt 等)返回丢失的值。

所有统计函数忽略缺失值,不将它们作为样本,缩减了样本尺寸。

1.8.1 平均与算术平均

平均与算术平均的概念有人为的差异。平均被看作是一个统计函数,而算术平均只是通过增加样本成员和按样本尺寸划分结果而得到的。例如,1、2、miss 和 3 的平均是(1+ 2 + 3)/3 = 2,算术平均是(1 + 2+miss + 3)/4 = miss/4 = miss。如果样本中没有缺失值,平均与算术平均是相同的。

addition	b		miss
a	$a+b$		$miss$
miss	$miss$		$miss$
subtraction	b		miss
a	$a-b$		$miss$
miss	$miss$		$miss$
multiplication	b	0	miss
a	$a*b$	0	$miss$
0	0	0	0
miss	$miss$	0	$miss$
division	b	0	miss
a	a/b	$miss$	$miss$
0	0	$miss$	$miss$
miss	$miss$	$miss$	$miss$
maximum	b		miss
a	$max(a,b)$		a
miss	b		$miss$
minimum	b		miss
a	$min(a,b)$		a
miss	b		$miss$
sum	b		miss
a	$a+b$		a
miss	b		$miss$

第 2 章　参考手册

本章将所有操作符分为不同模块对其功能进行介绍。为方便起见，单个输入文件用 ifile 或 ifile1、ifile2 表示，多个输入文件用 ifiles 表示，输出文件则用 ofile 或 ofile1、ofile2 等表示。此外，引入以下概念：

i(t)	ifile 的时间步 t
i(t，x)	ifile 时间步 t、空间 x 处的值
o(t)	ofile 的时间步 t
o(t，x)	ofile 时间步 t、空间 x 处的值

2.1　Information-信息查询

本节介绍查询数据集信息的模块，相关操作符将查询结果打印到标准输出。

以下是对本节所有操作符的概述：

info	按参数 ID 列出数据集信息
infon	按参数名列出数据集信息
map	数据集信息与简单映射
sinfo	按参数 ID 列出简短信息
sinfon	按参数名列出简短信息
diff	按参数 id 比较并列出两个数据集的不同
diffn	按参数名比较并列出两个数据集的不同
npar	参数数
nlevel	层数
nyear	年份数
nmon	月份数
ndate	日期数
ntime	时间步数
showformat	显示文件格式
showcode	显示变量代码值

showname	显示变量名
showstdname	显示变量标准名称
showlevel	显示垂向分层
showltype	显示 GRIB 分层类型
showyear	显示年份
showmon	显示月份
showdate	显示日期信息
showtime	显示时间信息
showtimestamp	显示时间戳
pardes	参数描述
griddes	网格描述
zaxisdes	Z 轴描述
vct	垂直坐标表

2. 1. 1　INFO-信息与简单统计

简介

＜操作符＞ ifiles

描述

该模块将有关所有输入文件的结构和内容的信息写入标准输出。所有输入文件在不同的时间步上对于同一个变量应当具有相同的结构。信息的显示取决于操作符。

操作符

info　　按参数 ID 列出数据集信息

　　　　打印所有输入数据集每个变量场的信息和简单统计。对于每个变量场,按下列内容打印每行操作符:

　　　　　　·日期和时间

　　　　　　·分层、网格尺寸和缺失值数量

　　　　　　·最小值、平均值和最大值

　　　　　　注:计算平均值时未使用面积加权。

　　　　　　·参数 ID

infon　　按参数名列出数据集信息

　　　　与 info 类似,但使用参数名代替参数 ID 对参数进行标识。

map　　数据集信息与简单映射

　　　　打印所有输入数据集每个变量场的信息、简单统计和地图映射,但只有常规经/纬度网格的地图映射可以打印。

示例

打印数据文件 ifile 的每个变量场的信息和简单统计,运行:

```
cdo infon ifile
```

以下是对一个 12 时间步二维变量数据集的查询结果:

```
 -1 :        Date      Time Level   Size  Miss : Minimum      Mean Maximum : Name
  1 : 1987-01-31 12:00:00     0   2048  1361 :  232.77   266.65  305.31 : SST
  2 : 1987-02-28 12:00:00     0   2048  1361 :  233.64   267.11  307.15 : SST
  3 : 1987-03-31 12:00:00     0   2048  1361 :  225.31   267.52  307.67 : SST
  4 : 1987-04-30 12:00:00     0   2048  1361 :  215.68   268.65  310.47 : SST
  5 : 1987-05-31 12:00:00     0   2048  1361 :  215.73   271.53  312.49 : SST
  6 : 1987-06-30 12:00:00     0   2048  1361 :  212.89   272.80  314.13 : SST
  7 : 1987-07-31 12:00:00     0   2048  1361 :  209.52   274.29  316.34 : SST
  8 : 1987-08-31 12:00:00     0   2048  1361 :  210.48   274.41  315.83 : SST
  9 : 1987-09-30 12:00:00     0   2048  1361 :  210.48   272.37  312.86 : SST
 10 : 1987-10-31 12:00:00     0   2048  1361 :  219.46   270.53  309.51 : SST
 11 : 1987-11-30 12:00:00     0   2048  1361 :  230.98   269.85  308.61 : SST
 12 : 1987-12-31 12:00:00     0   2048  1361 :  241.25   269.94  309.27 : SST
```

2.1.2　SINFO-短信息

简介

<操作符> ifiles

描述

该模块将 ifiles 的结构信息写入标准输出。ifiles 可以是任意数量的输入文件。所有输入文件在不同的时间步上对于同一个变量应当具有相同的结构。信息的显示取决于操作符。

操作符

sinfo　　　按参数 ID 列出短信息

分 4 个部分打印数据集的短信息。第 1 部分按以下信息打印每行参数:

· 机构和来源

· 时间步类型

· 分层数和 z 轴数目

· 水平网格尺寸和数目

· 数据类型

· 参数 ID

第 2 和第 3 部分简要概述所有的网格和垂向坐标,第 4 部分给出时间坐标短信息。

sinfon 按参数名列出短信息

与操作符 sinfo 一样,不过是用名称代替标识符对参数进行标记。

示例

为给数据集打印短信息,运行:

```
cdo sinfon ifile
```

以下是对一个 12 时间步二维变量数据集的查询结果:

2.1.3 DIFF-按变量比较两个数据集

简介

<操作符> ifile1 ifile2

描述

```
 -1 : Institut  Source  Ttype    Levels Num   Points Num Dtype : Name
  1 : MPIMET    ECHAM5  constant      1   1     2048   1  F32   : GEOSP
  2 : MPIMET    ECHAM5  instant       4   2     2048   1  F32   : T
  3 : MPIMET    ECHAM5  instant       1   1     2048   1  F32   : TSURF
Grid coordinates :
  1 : gaussian               : points=2048 (64x32)  np=16
                    longitude : 0 to 354.375 by 5.625 degrees_east  circular
                    latitude  : 85.7606 to -85.7606 degrees_north
Vertical coordinates :
  1 : surface                : levels=1
  2 : pressure               : levels=4
                      level : 92500 to 20000 Pa
 Time coordinate :  12 steps
YYYY-MM-DD hh:mm:ss YYYY-MM-DD hh:mm:ss YYYY-MM-DD hh:mm:ss YYYY-MM-DD hh:mm:ss
1987-01-31 12:00:00 1987-02-28 12:00:00 1987-03-31 12:00:00 1987-04-30 12:00:00
1987-05-31 12:00:00 1987-06-30 12:00:00 1987-07-31 12:00:00 1987-08-31 12:00:00
1987-09-30 12:00:00 1987-10-31 12:00:00 1987-11-30 12:00:00 1987-12-31 12:00:00
```

按变量比较两个数据集的内容,输入数据集需具有相同的结构,并且其变量需具有相同的头信息和维度。

操作符

diff　　按参数 id 比较并列出两个数据集的不同

　　　　给出两个数据集之间差异的统计信息。对于每对变量,操作符按以下信息打印每行:

· 日期和时间

· 层数、网格尺寸和缺失值的数目

· 不同值的数目

· 不同符号系数对的出现次数(S)

· 零值的出现次数(Z)

· 系数对绝对差的最大值

· 等号非零系数对相对差的最大值

- 参数 ID

$$Absdiff(t,x) = |i\_1(t,x) - i\_2(t,x)|$$

$$Reldiff(t,x) = \frac{|i\_1(t,x) - i\_2()t,x|}{\max(|i\_1(t,x)|, |i\_2(t,x)||)}$$

diffn   比较两组按参数名所列的数据集

           与操作符 diff 一样,但用名称代替标识符对参数进行标记。

示例

```
cdo diffn ifile1 ifile2
```

打印两组数据集各字段差异的统计信息,运行:

以下是一个 12 时间步的两个二维参数数据集的查询结果:

```
          Date     Time   Level Size Miss Diff : S Z  Max_Absdiff  Max_Reldiff : Name
 1 : 1987-01-31 12:00:00    0  2048 1361  273 : F F  0.00010681   4.1660e-07 : SST
 2 : 1987-02-28 12:00:00    0  2048 1361  309 : F F  6.1035e-05   2.3742e-07 : SST
 3 : 1987-03-31 12:00:00    0  2048 1361  292 : F F  7.6294e-05   3.3784e-07 : SST
 4 : 1987-04-30 12:00:00    0  2048 1361  183 : F F  7.6294e-05   3.5117e-07 : SST
 5 : 1987-05-31 12:00:00    0  2048 1361  207 : F F  0.00010681   4.0307e-07 : SST
 7 : 1987-07-31 12:00:00    0  2048 1361  317 : F F  9.1553e-05   3.5634e-07 : SST
 8 : 1987-08-31 12:00:00    0  2048 1361  219 : F F  7.6294e-05   2.8849e-07 : SST
 9 : 1987-09-30 12:00:00    0  2048 1361  188 : F F  7.6294e-05   3.6168e-07 : SST
10 : 1987-10-31 12:00:00    0  2048 1361  297 : F F  9.1553e-05   3.5001e-07 : SST
11 : 1987-11-30 12:00:00    0  2048 1361  234 : F F  6.1035e-05   2.3839e-07 : SST
12 : 1987-12-31 12:00:00    0  2048 1361  267 : F F  9.3553e-05   3.7624e-07 : SST
11 of 12 records differ
```

2.1.4   NINFO-打印变量数、层数或时间步数

简介

<操作符> ifile

描述

此模块打印输入数据集变量、层或时间的数目。

操作符

npar   量数目

          打印变量数目。

nlevel   层数

          打印每个变量的层数。

nyear   年份数

          打印年份数。

nmon   月份数

          打印年份和月份的不同组合数。

ndate   日期数

　　　　　　　　打印日期数。

ntime　　　时间步数

　　　　　　　　打印时间步数。

示例

打印数据集变量,运行:

```
cdo nmon ifile
```

打印数据集月份数,运行:

```
cdo npar ifile
```

2.1.5　SHOWINFO-显示变量、分层或时间步

简介

<操作符> ifile

描述

此模块打印输入数据集的格式、变量、分层或时间步。

操作符

showformat　　　显示文件格式

　　　　　　　　打印输入数据集的文件格式

showcode　　　　显示代码

　　　　　　　　打印所有变量的代码

showname　　　　显示变量名

　　　　　　　　打印所有变量的名称

showstdname　　显示标准名

　　　　　　　　打印所有变量的标准名称

showlevel　　　　显示分层

　　　　　　　　打印每一变量的所有分层

showltype　　　　显示 GRIB 层类型

　　　　　　　　打印所有 z 轴的 GRIB 层类型

showyear　　　　显示年份

　　　　　　　　打印所有年份

showmon　　　　显示月份

　　　　　　　　打印所有月份

showdate　　　　显示日期信息

　　　　　　　　打印所有时间步的日期信息(格式 YYYY-MM-DD)

showtime　　　　　显示时间信息

打印所有时间步的时间信息(格式 hh:mm:ss)

showtimestamp　　显示时间戳

打印所有时间步的时间戳(格式 YYYY-MM-DDThh:
mm:ss)

示例

打印数据集所有变量的代码,运行:

```
cdo showcode ifile
```

此处是具有三个变量的数据集的查询结果:

```
129 130 139
```

打印数据集所有月份,运行:

```
cdo showmon ifile
```

此处是具有年度周期的数据集的查询结果:

```
1 2 3 4 5 6 7 8 9 10 11 12
```

2.1.6. FILEDES-数据集描述

简介

<操作符> ifile

描述

此模块打印变量、网格、z 轴或垂直坐标表的描述。

操作符

pardes　　　　变量描述

打印一个描述所有变量的表格。对于每一变量,操作符都会打
印一行信息,分别列出变量代码、名称、描述和单位。

griddes　　　　网格描述

打印所有网格的描述。

zaxisdesz　　　z 轴描述

打印所有 z 轴的描述。

vct　　　　　　垂直坐标表

打印垂直坐标表。

示例

假设数据集的所有变量采用高斯 N16 网格,打印此数据集的网格描述,运行:

```
cdo griddes ifile
```

查询结果:

```
gridtype    : gaussian
gridsize    : 2048
xname       : lon
xlongname   : longitude
xunits      : degrees_east
yname       : lat
ylongname   : latitude
yunits      : degrees_north
xsize       : 64
ysize       : 32
xfirst      : 0
xinc        : 5.625
yvals       : 85.76058  80.26877  74.74454  69.21297  63.67863  58.1429  52.6065
              47.06964  41.53246  35.99507  30.4575  24.91992  19.38223  13.84448
              8.306702  2.763903  -2.768903  -8.306702  -13.84448  -19.38223
              -24.91992  -30.4575  -35.99507  -41.53246  -47.06964  -52.6065
              -58.1429  -63.67863  -69.21297  -74.74454  -80.26877  -85.76058
```

2.2　File operations-文件操作

本节包含执行文件操作的模块。

以下是对本节中所有操作符的概述:

copy	复制数据集
cat	连接数据集
replace	替换变量
duplicate	复制数据集
mergegrid	合并网格
merge	合并不同变量的数据集
mergetime	合并按日期和时间排列的数据集
splitcode	按代码分割
splitparam	按参数 ID 分割
splitname	按变量名分割
splitlevel	按分层分割
splitgrid	按网格分割
splitzaxis	按 z 轴分割
splittabnum	按 GRIB1 参数表分割

splithour	按小时分割
splitday	按天分割
splitseas	按季节分割
splityear	按年分割
splityearmon	按年月分割
splitmon	按月分割
splitsel	择时分割
distgrid	分割水平网格
collgrid	整合水平网格

2.2.1　COPY-复制数据集

简介

<操作符> ifiles ofile

描述

该模块为复制或连接数据集的操作符。ifiles 是任意数目的输入文件。所有输入文件需具有相同的结构,并且在不同的时间步上具有相同的变量。

操作符

copy　　复制数据集

　　　　将所有输入数据集复制到 ofile。

cat　　　连接数据集

　　　　连接所有输入数据集,将结果添加到 ofile 末尾。如果 ofile 不存在,则建立 ofile。

示例

```
cdo -f nc copy ifile ofile.nc
```

将数据集格式变为 netCDF,运行:

GrADS 或 Ferret 欲正确识别数据集,则需添加选项"-r",建立相对时间轴:

```
cdo -r -f nc copy ifile ofile.nc
```

连接 3 个具有相同变量、不同时间步的数据集,运行:

```
cdo copy ifile1 ifile2 ifile3 ofile
```

如果已存在输出数据集,您还想获得更多时间步的数据集,运行:

```
cdo cat ifile1 ifile2 ifile3 ofile
```

2.2.2 REPLACE-替换变量

简介

replace ifile1 ifile2 ofile

描述

通过替换操作符使 ifile2 变量替换 ifile1 变量,并将结果写入 ofile。两个输入数据集的时间步数需一致。

示例

假设第一个输入数据集 ifile1 有三个变量,名为 geosp、t 和 tslm1,第二个输入数据集 ifile2 只有变量 tslm1。用 ifile2 中的变量 tslm1 替换 ifile1 中的变量 tslm1,运行:

```
cdo replace ifile1 ifile2 ofile
```

2.2.3 DUPLICATE-复制数据集

简介

duplicate[,ndup] ifile ofile

描述

该操作符为复制 ifile 的内容,并将结果写入 ofile。由可选参数设置复制的数目,默认为1。

参数

ndup　　INTEGER 复制的数目,默认为1

2.2.4 MERGEGRID-合并网格

简介

mergegrid ifile1 ifile2 ofile

描述

合并从 ifile2 到 ifile1 所有变量的网格点,并将结果写入 ofile,且只使用 ifile2 的非缺失值。ifile2 的水平网格数应小于或等于 ifile1 的网格数,且分辨率必须是一样的。此操作符只适用于直线网格。两个输入文件需有相同的变量和相同的时间步数。

2.2.5 MERGE-合并数据集

简介

<操作符> ifiles ofile

描述

该模块从多个输入文件中读取数据集并进行合并,将结果写入 ofile。

操作符

merge　　　合并不同变量场的数据集

从多个输入数据集中合并不同变量场的时间序列。写入 ofile 的每个时间步长的变量场数是所有输入数据集中每个时间步长的变量场数的总和。所有输入数据集的时间序列都要求具有不同的变量场和相同的时间步数。每个不同的输入文件中的变量场必须是不同变量或同一变量的不同分层。不允许在不同的输入文件中混合着不同变量的不同层。

mergetime　合并按日期和时间排列的数据集

合并按日期和时间分类排列的所有输入文件的时间步。所有输入文件需具有相同的结构,且在不同的时间步上具有相同的变量。此次运行后,每一输入时间步都在 ofile 中,且所有时间步按日期和时间排列。

环境

SKIP_SAME_TIME 如果设置成 1,则在同一时间戳的双入口下会跳过所有的连续时间步。

示例

假设有三个相同时间步数和不同变量的数据集,将这些数据集合并到新的数据集,运行:

```
cdo merge ifile1 ifile2 ifile3 ofile
```

假设您用 splithour 分开一个 6 小时数据集,这将产生四个数据集(每小时一个)。以下命令将它们合并在一起:

```
cdo mergetime ifile1 ifile2 ifile3 ifile4 ofile
```

2.2.6 SPLIT-分割数据集

简介

<操作符>[,params] ifile obase

描述

该模块将 ifile 分割成多个部分。输出文件的名称为＜obase＞＜xxx＞＜suffix＞,suffix 是文件格式衍生的文件扩展名。xxx 和输出文件内容取决于所选的操作符。params 是一个用逗号分隔的运行参数表。

操作符

splitcode   按代码分割
将数据集分割成多个具有不同的代码的部分。xxx 是一个三位数的代码。

splitparam   按参数 ID 分割
将数据集分割成多个具有不同的参数 ID 的部分。xxx 是一串用参数 ID 来表示的字符串。

splitname   按变量名分割
将数据集分割成多个具有各自变量名的部分。xxx 是一串用变量名来表示的字符串。

splitlevel   按分层分割
将数据集分割成多个具有不同分层的部分。xxx 是一个用六位数来表示的分层。

splitgrid   按网格分割
数据集分割成多个具有不同网格的部分。xxx 是一个用两位数来表示的网格数。

splitzaxis   按 z 轴分割
将数据集分割成多个具有不同 z 轴的部分。xxx 是一个用两位数来表示的 z 轴数。

splittabnum   按 GRIB1 参数表分割
将数据集分割成多个具有各自 GRIB1 参数表的部分。xxx 是一个用三位数来表示的 GRIB1 参数表。

参数

swap	STRING	在输出文件名中互换 obase 和 xxx 位置
uuid =＜*attname*＞	STRING	给每一个输出文件添加 UUID 作为全域属性＜attname＞

环境

CDO_FILE_SUFFIX	设置默认文件的后缀。将此后缀添加到输出文件名用来代替由文件名衍生的文件扩展名。设置此变量为 NULL,禁止添加文件后缀。

示例

假设输入 GRIB1 数据集有三个变量,如代码 129、130 和 139,为将此数据集分成三部分,且每部分有各自的代码,运行:

```
cdo splitcode ifile code
```

"dir code＊"查询结果:

```
code129.grb code130.grb code139.grb
```

2.2.7　SPLITTIME-按时间步分割数据集

简介

＜操作符＞ ifile obase

splitmon[,format] ifile obase

描述

该模块为按时间步来分割 ifile。输出文件名为＜obase＞＜xxx＞＜suffix＞,suffix 是文件格式衍生的文件扩展名。xxx 和输出文件内容取决于所选的操作符。

操作符

splithour　　　按小时分割

　　　　　　　将文件分割成多个具有不同小时数的部分。xxx 是用两位数来表示的时数。

splitday　　　 按天分割

　　　　　　　将文件分割成多个具有不同天数的部分。xxx 是用两位数来表示的天数。

splitseas　　　按季节分割

　　　　　　　将文件分割成多个具有不同季节的部分。xxx 是用三个字符来表示的季节。

splityear　　　按年分割

　　　　　　　将文件分割成多个具有不同年份的部分。xxx 是用四位数来表示的年数。(YYYY)

splityearmon　按年月分割

　　　　　　　将文件分割成多个具有不同年月份的部分。xxx 是用六位数来表示的年月份。(YYYYMM)

splitmon　　　按月分割

　　　　　　　将文件分成多个局有不同月份的部分。xxx 是用两位数来表示的月份。

参数

format　　STRING　　Strftime( )是函数 C 语言风格(例如,完整月份名称
　　　　　　　　　　　　为％B)

环境

CDO_FILE_SUFFIX　设置默认文件后缀。将此后缀添加到输出文件名
　　　　　　　　　　中,用来代替由文件名衍生的文件扩展名。设置此
　　　　　　　　　　变量为 NULL,禁止添加文件后缀。

示例

假设输入 GRIB1 数据集的时间步由一月至十二月,为将每一个月的所有变
量分至一个单独的文件,运行:

```
cdo splitmon ifile mon
```

"dir mon * "查询结果:

```
mon01.grb   mon02.grb   mon03.grb   mon04.grb   mon05.grb   mon06.grb
mon07.grb   mon08.grb   mon09.grb   mon10.grb   mon11.grb   mon12.grb
```

2.2.8　SPLITSEL-择时分割

简介

splitsel,*nsets*[,*noffset*[,*nskip*]] ifile obase

描述

该操作符可将 ifile 分割成多个部分,每一部分在选定的相同时间范围下,邻
近序列时间步为 t_1、…、t_n。输出文件名称为<obase><nnnnnn><suffix
>,nnnnnn 是序列号,suffix 是文件格式衍生的文件扩展名。

参数

nsets　　　INTEGER　　每一个输出文件的输入时间步数

noffset　　INTEGER　　在第一个时间步变动前跳过的输入时间步数

nskip　　　INTEGER　　在时间步范围内跳过的输入时间步数

环境

CDO_FILE_SUFFIX　设置默认文件后缀。将此后缀添加到输出文件
　　　　　　　　　名,代替由文件名衍生的文件扩展名。设置此变
　　　　　　　　　量为 NULL,禁止添加文件后缀。

2.2.9 DISTGRID-分割水平网格

简介

distgrid,$nx[,ny]$ ifile obase

描述

该操作符可将数据集分割成多个部分。每一个输出文件包含水平源网格的不同区域,目标网格区域包含源网格结构化的经/纬度框,且此操作符只适用于直线和曲线源网格。不同区域的网格数由参数 nx 和 ny 指定。输出文件名为<obase><xxx><suffix>,suffix 是文件格式衍生的文件扩展名。xxx 是用一个五位数来表示的目标区域网格数。

参数

nx	INTEGER	x 方向网格数
ny	INTEGER	y 方向网格数(默认值:1)

注意

此操作符需要同时打开所有输出文件。打开文件的最大数量取决于操作系统!

示例

将一个文件分割为 6 个小文件且每一个输出文件占源网格 x 方向的 1/2 和 y 方向的 1/3,运行:

```
cdo distgrid,2,3 ifile.nc obase
```

以下是此示例的示意图:

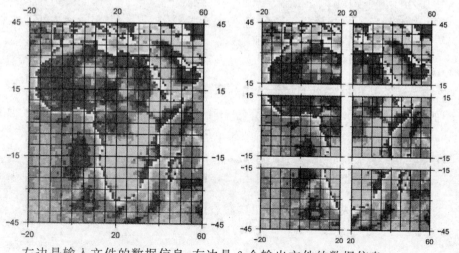

左边是输入文件的数据信息,右边是 6 个输出文件的数据信息。

2.2.10 COLLERID-整合水平网格

简介

collgrid[,nx[,names]] ifiles ofile

描述

该操作符将输入文件的数据信息整合至输出文件中。所有输入文件需有相同变量,且在不同的水平网格区域内具有相同数量的时间步。源区域必须是一个结构化的经/纬度网格框。参数 nx 只适用于曲线网格。

参数

nx	INTEGER	x 方向的网格数目,仅只用于曲线网格
names	STRING	用逗号分隔的变量名列表[默认:所有变量]

注意

该操作符需要同时打开所有输出文件。打开文件的最大数量取决于操作系统!

示例

整合 6 个输入文件的水平网格,且每一个输入文件包含目标网格的经/纬度区域,运行:

```
cdo collgrid ifile[1-6] ofile
```

以下为该例示意图:

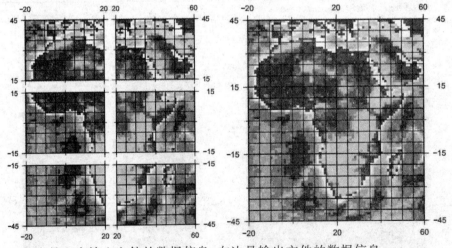

左边是 6 个输入文件的数据信息,右边是输出文件的数据信息。

2.3 Selection-选取

本节是一个关于数据集的时间步、变量场或部分变量场选取的模块。
以下为本节所有操作符的简短概述：

select	选取变量场
delete	删除变量场
selparam	通过 ID 选取参数
delparam	通过 ID 删除参数
selcode	通过代码选取参数
delcode	通过代码删除参数
selname	通过名称选取参数
delnam	通过名称删除参数
selstdname	通过标准名选取参数
sellevel	选取分层
sellevidx	通过指数选取分层
selgrid	选取网格
selzaxis	选取 z 轴
selzaxisname	通过名称选取 z 轴
selltype	选取 GRIB 分层类型
seltabnum	选取参数表数
seltimestep	选取时间步
seltime	选取时间
selhour	选取小时
selday	选取天数
selmon	选取月份
selyear	选取年份
selseas	选取季节
seldate	选取日期
selsmon	选取单个月份
sellonlatbox	选取经/纬度框
selindexbox	选取指数框

2.3.1 SELECT-选取变量场

简介

<操作符>, *params* ifiles ofile

描述

该模块从 ifiles 中选取某些变量场,并将它们写入 ofile,ifiles 可以是任意数量的输入文件。所有输入文件在不同时间步上对于同一个变量应当具有相同结构。所选的变量场取决于所选的参数,该参数是一个用逗号隔开的键值对列表。通配符可用于字符串参数。

操作符

select   选取变量场

在用户给定列表中选取所有具有参数的变量场。

delete   删除变量场

在用户给定列表中删除所有具有参数的变量场。

参数

name	STRING	以逗号分隔的变量名列表。
param	STRING	以逗号分隔的参数 ID 列表。
code	INTEGER	以逗号分隔的代码列表。
ltype	INTEGER	以逗号分隔的 GRIB 分层列表。
levidx	INTEGER	以逗号分隔的分层数值列表。
level	FLOAT	以逗号分隔的垂向分层列表。
date	STRING	以逗号分隔的日期列表(格式 YYYY-MM-DDThh:mm:ss)。
startdate	STRING	开始日期(格式 YYYY-MM-DDThh:mm:ss)。
enddate	STRING	结束日期(格式 YYYY-MM-DDThh:mm:ss)。
minute	INTEGER	以逗号分隔的分钟数列表。
hour	INTEGER	以逗号分隔的小时数列表。
day	INTEGER	以逗号分隔的天数列表。
month	INTEGER	以逗号分隔的月份数列表。
year	INTEGER	以逗号分隔的年份数列表。
timestep	INTEGER	以逗号分隔的时间步列表。负值从列表末尾选取时间步(仅 netCDF 格式)。

timestep_of_year INTEGER 以逗号分隔的年份时间步列表。

示例

假设有 3 个输入文件,每个输入文件在不同的时间段内具有相同的变量。从这 3 个输入文件中选取 200、500 和 850 分层处的变量 T、U 和 V,运行:

```
cdo select,name=T,U,V,level=200,500,850 ifile1 ifile2 ifile3 ofile
```

2.3.2 SELVAR-选取变量场

简介

<操作符>,*params* ifile ofile

selcode,*codes* ifile ofile

delcode,*codes* ifile ofile

selname,*names* ifile ofile

delname,*names* ifile ofile

selstdname,*stdnames* ifile ofile

sellevel,*levels* ifile ofile

sellevidx,*levidx* ifile ofile

selgrid,*grids* ifile ofile

selzaxis,*zaxes* ifile ofile

selzaxisname,*zaxisnames* ifile ofile

selltype,*ltypes* ifile ofile

seltabnum,*tabnums* ifile ofile

描述

该模块从 ifiles 中选取某些变量场,且将它们写入 ofile。所选变量场取决于所选的运算符和参数。

操作符

selparam 通过 ID 选取变量场

在用户给定列表中选取指定参数 ID 的所有变量场。

delparam 通过 ID 删除变量场

在用户给定列表中删除指定参数 ID 的所有变量场。

selcode 通过代码选取变量场

在用户给定列表中选取指定代码的所有变量场。

delcode 通过代码删除变量场

在用户给定列表中删除指定代码的所有变量场。

selname 通过名称选取变量场

在用户给定列表中选取指定名称的所有变量场。

delname　　　　　通过名称删除变量场

在用户给定列表中删除指定名称的所有变量场。

Selstdname　　　通过标准名选取变量场

在用户给定列表中选取指定标准名的所有变量场。

sellevel　　　　选取分层

在用户给定列表中选取指定分层的所有变量场。

sellevidx　　　通过具体数值选择分层

在用户给定列表中选取指定分层数值的所有变量场。

selgrid　　　　选取网格

在用户给定列表中选取指定网格的所有变量场。

selzaxis　　　　选取 z 轴

在用户给定列表中选取指定 z 轴的所有变量场。

selzaxisname　通过名称选取 z 轴

在用户给定列表中选取指定 z 轴名称的所有变量场。

selltype　　　　选取 GRIB 分层类型

在用户给定列表中选取指定 GRIB 分层类型的所有变量场。

seltabnum　　　选取参数表数目

在用户给定列表中选取指定参数表数目的所有变量场。

参数

params	INTEGER	以逗号分隔的参数标 ID 列表
codes	INTEGER	以逗号分隔的代码列表
names	STRING	以逗号分隔的变量名列表
stdnames	STRING	以逗号分隔的标准名列表
levels	FLOAT	以逗号分隔的垂直分层列表
levidx	INTEGER	以逗号分隔的分层数值列表
ltypes	INTEGER	以逗号分隔的 GRIB 分层类型列表
grids	STRING	以逗号分隔的网格名称或数目列表
zaxes	STRING	以逗号分隔的 z 轴类型或数目列表
zaxisnames	STRING	以逗号分隔的 z 轴名称列表
tabnums	INTEGER	以逗号分隔的参数表数目列表

示例

假设输入文件有 3 个变量,代码分别为 129、130 和 139。选取代码 129 和 139 的变量,运行:

```
cdo selcode,129,139 ifile ofile
```

也可用下列代码实现,即通过删除代码130来实现选取代码129和139变量的目的:

```
cdo delcode,130 ifile ofile
```

2.3.3　SELTIME-选取时间步

简介

seltimestep,*timesteps* ifile ofile

seltime,*times* ifile ofile

selhour,*hours* ifile ofile

selday,*days* ifile ofile

selmon,*months* ifile ofile

selyear,*years* ifile ofile

selseas,*seasons* ifile ofile

seldate,*date*1[,*date*2] ifile ofile

selsmon,*month*[,*nts*1[,*nts*2]] ifile ofile

描述

该模块从 ifile 中选取用户指定的时间步,并写入 ofile。所选的时间步取决于所选的运算符和参数。

操作符

seltimestep	选取时间步
	在用户给定列表中选取指定时间步的所有时间步。
seltime	选取时间
	在用户给定列表中选取指定时间的所有时间步。
selhour	选取小时数
	在用户给定列表中选取指定某一小时的所有时间步。
selday	选取天数
	在用户给定列表中选取指定某一天的所有时间步。
selmon	选取月份数
	在用户给定列表中选取指定某一月的所有时间步。
selyear	选取年份数
	在用户给定列表中选取指定某一年的所有时间步。
selseas	选取季节

在用户给定列表中选取指定某一季节某一月的所有时间步。

seldate   选取日期

在用户给定列表中选取指定某一日期的所有时间步。

selsmon   选取单月

在此月前后,选取某一个月和任意一个月的时间步。

参数

timesteps	INTEGER	以逗号分隔的时间步列表。负值从列表末尾选取时间步(仅 netCDF 格式)
times	STRING	以逗号分隔的时间列表(格式 hh:mm:ss)。
hours	INTEGER	以逗号分隔的小时数列表。
days	INTEGER	以逗号分隔的天数列表。
months	INTEGER	以逗号分隔的月份列表。
years	INTEGER	以逗号分隔的年份列表。
seasons	STRING	以逗号分隔的季节列表(DJF、MAM、JJA、SON)。
*date*1	STRING	开始日期(格式 YYYY-MM-DDThh:mm:ss)。
*date*2	STRING	结束日期(格式 YYYY-MM-DDThh:mm:ss)[默认 date1]。
*nts*1	INTEGER	选取的月份前的时间步数[默认:0]。
*nts*2	INTEGER	选取的月份后的时间步数[默认:nts1]。

2.3.4　SELBOX-选取变量场框

简介

sellonlatbox,*lon*1,*lon*2,*lat*1,*lat*2 ifile ofile

selindexbox,*idx*1,*idx*2,*idy*1,*idy*2 ifile ofile

描述

选取一个矩形的变量场框。所有的输入文件需具有相同的水平网格。

操作符

sellonlatbox   选取经/纬度框

选取常规经/纬度框。用户需给出框边缘的经度和纬度,只考虑在经/纬度框中有网格中心的网格单元。对于旋转的经/纬度网格,参数需变成旋转坐标。

selindexbox   选取数值框

选取数值框。用户需给出框边缘的数值。左边缘的数值可大于右边缘的。

参数

*lon*1	FLOAT	西经
*lon*2	FLOAT	东经
*lat*1	FLOAT	南部或北部经度
*lat*2	FLOAT	北部或南部经度
*idx*1	INTEGER	第一经度数值
*idx*2	INTEGER	最后经度数值
*idy*1	INTEGER	第一纬度数值
*idy*2	INTEGER	最后纬度数值

示例

从所有输入变量场中选取经度 120°E～90°W、纬度 20°N～20°S 的区域,运行:

```
cdo sellonlatbox,120,-90,20,-20 ifile ofile
```

如果输入数据集的变量场在高斯 N16 网格中,可用 selindexbox 来达到同上的目的:

```
cdo selindexbox,23,48,13,20 ifile ofile
```

2.4 Condition selection-条件性选取

该节是关于条件性选取变量场元素的模块。第一个输入文件中的变量场作掩码处理。不等于零的值为"真",等于零的值为"假"。

下列是关于本节中所有操作符的简短概述:

ifthen	如果那么
ifnotthen	如果不是那么
ifthenelse	如果否则
ifthenc	如果则为常量
ifnotthenc	如果不是则为常量

2.4.1 COND-条件性选择一个变量场

简介

<操作符> ifile1 ifile2 ofile

描述

该模块从 ifile2 中选取与 ifile1 有关的变量场元素,并写入 ofile。ifile1 中的变量场作掩码处理,不等于零的值为"真",等于零的值为"假"。ifile1 中的变量场数目可与 ifile2 的一样,也可与 ifile2 的时间步一样或只有一个。ofile 中的变量场从 ifile2 中继承元数据。

操作符

fthen　　　　　如果是,则

$$o(t,x)=\begin{cases} i_2(t,x) \ if \ i_1([t,]x) \neq 0 \ \wedge \ i_1([t,]x) \neq miss \\ miss \ if \ i_1([t,]x)=0 \ \vee \ i_1([t,]x)=miss \end{cases}$$

ifnotthen　　　　如果不是,则

$$o(t,x)=\begin{cases} i_2(t,x) \ if \ i_1([t,]x)=0 \ \wedge \ i_1([t,]x) \neq miss \\ miss \ if \ i_1([t,]x) \neq 0 \ \vee \ i_1([t,]x)=miss \end{cases}$$

示例

如果 ifile1 中相应变量场元素大于 0,欲选取 ifile2 所有变量场元素,运行:

```
cdo ifthen ifile1 ifile2 ofile
```

2.4.2　COND2-条件性选取两个变量场

简介

ifthenelse ifile1 ifile2 ifile3 ofile

描述

该操作符从 ifile2 或 ifile3 中选取与 ifile1 有关的变量场元素,并写入 ofile。ifile1 中的字段作掩码处理,不等于零的值为"真",等于零的值为"假"。ifile1 中的变量场数目可与 ifile2 的一样,也可与 ifile2 的时间步一样或只有一个。ifile2 和 ifile3 需有相同数目的变量场,ofile 中的变量场从 ifile2 中继承元数据。

$$o(t,x)=\begin{cases} i_2(t,x) \ if \ i_1([t,]x) \neq 0 \ \wedge \ i_1([t,]x) \neq miss \\ i_3(t,x) \ if \ i_1([t,]x)=0 \ \vee \ i_1([t,]x)=miss \\ miss \ if \ i_1([t,]x)=miss \end{cases}$$

示例

如果 ifile1 中的相应变量场元素大于 0,ifile3 中的相应变量场元素小于 0,欲选取 ifile2 中的所有变量场元素,运行:

```
cdo ifthenelse ifile1 ifile2 ifile3 ofile
```

2.4.3　CONDC-条件性选取常量

简介

<操作符>,c ifile ofile

描述

该模块为创建常量或缺失值变量场。Ifile 中的变量场作掩码处理,不等于零的值为"真",等于零的值为"假"。

操作符

ifthenc　　　If then constant

$$o(t,x) = \begin{cases} c \ if \ i(t,x) \neq 0 \ \wedge \ i(t,x) \neq miss \\ miss \ if \ i(t,x) = 0 \ \vee \ i(t,x) = miss \end{cases}$$

ifthenc　　　If not then constant

$$o(t,x) = \begin{cases} c \ if \ i(t,x) = 0 \ \wedge \ i(t,x) \neq miss \\ miss \ if \ i(t,x) \neq 0 \ \vee \ i(t,x) = miss \end{cases}$$

参数

c　　FLOAT　　常量

示例

如果 ifile 中的相应变量场元素大于 0,欲创建常量值为 7 的变量场,运行:

```
cdo ifthenc,7 ifile ofile
```

2.5　Comparison-比较

该节是关于比较数据集的模块。如果比较结果是真,则变量场是含 1 的掩码,是假则是含 0 的掩码。

下列是关于本节中所有操作符的简短概述:

eq	等于
ne	不等于
le	不大于
lt	小于
ge	不小于
gt	大于
eqc	等于常量
nec	不等于常量
lec	不大于常量
ltc	小于常量
gec	不小于常量
gtc	大于常量

2.5.1 COMP-比较两个变量场

简介

<操作符> ifile1 ifile2 ofile

描述

该模块是逐字段比较两个数据集。如果比较结果是真,变量场是含 1 的掩码,是假则是含 0 的掩码。ifile1 的变量场数目应与 ifile2 的一样,其中一个输入文件可以仅包含一个时间步或一个变量场。ofile 的变量场继承 ifile1 或 ifile2 的元数据。比较的类型取决于所选的操作符。

操作符

eq　　等于

$$o(t,x) = \begin{cases} 1 \ if \ i_1(t,x) = i_2(t,x) \ \wedge \ i_1(t,x), i_2(t,x) \neq miss \\ 0 \ if \ i_1(t,x) \neq i_2(t,x) \ \wedge \ i_1(t,x), i_2(t,x) \neq miss \\ miss \ if \ i_1(t,x) = miss \ \vee \ i_2(t,x) = miss \end{cases}$$

ne　　不等于

$$o(t,x) = \begin{cases} 1 \ if \ i_1(t,x) \neq i_2(t,x) \ \wedge \ i_1(t,x), i_2(t,x) \neq miss \\ 0 \ if \ i_1(t,x) = i_2(t,x) \ \wedge \ i_1(t,x), i_2(t,x) \neq miss \\ miss \ if \ i_1(t,x) = miss \ \vee \ i_2(t,x) = miss \end{cases}$$

le　　不大于

$$o(t,x) = \begin{cases} 1 \ if \ i_1(t,x) \leqslant i_2(t,x) \ \wedge \ i_1(t,x), i_2(t,x) \neq miss \\ 0 \ if \ i_1(t,x) > i_2(t,x) \ \wedge \ i_1(t,x), i_2(t,x) \neq miss \\ miss \ if \ i_1(t,x) = miss \ \vee \ i_2(t,x) = miss \end{cases}$$

lt　　小于

$$o(t,x) = \begin{cases} 1 \ if \ i_1(t,x) < i_2(t,x) \ \wedge \ i_1(t,x), i_2(t,x) \neq miss \\ 0 \ if \ i_1(t,x) \geqslant i_2(t,x) \ \wedge \ i_1(t,x), i_2(t,x) \neq miss \\ miss \ if \ i_1(t,x) = miss \ \vee \ i_2(t,x) = miss \end{cases}$$

ge　　不小于

$$o(t,x) = \begin{cases} 1 \ if \ i_1(t,x) \geqslant i_2(t,x) \ \wedge \ i_1(t,x), i_2(t,x) \neq miss \\ 0 \ if \ i_1(t,x) < i_2(t,x) \ \wedge \ i_1(t,x), i_2(t,x) \neq miss \\ miss \ if \ i_1(t,x) = miss \ \vee \ i_2(t,x) = miss \end{cases}$$

gt　　大于

$$o(t,x) = \begin{cases} 1 \ if \ i_1(t,x) > i_2(t,x) \ \wedge \ i_1(t,x), i_2(t,x) \neq miss \\ 0 \ if \ i_1(t,x) \leqslant i_2(t,x) \ \wedge \ i_1(t,x), i_2(t,x) \neq miss \\ miss \ if \ i_1(t,x) = miss \ \vee \ i_2(t,x) = miss \end{cases}$$

示例

如果两个变量场元素一样,则创建包含 1 的掩码,及如果两个变量场元素不一样,则创建包含 0 的掩码,运行:

```
cdo eq ifile1 ifile2 ofile
```

2.5.2 COMPC-比较含常量的变量场

简介

<操作符>,c ifile ofile

描述

该模块比较数据集中含常量的所有变量场。如果比较结果是真,变量场是含 1 的掩码,是假则是含 0 的掩码。比较的类型取决于所选的操作符。

操作符

eqc 等于常量

$$o(t,x)=\begin{cases} 1 \; if \; i(t,x)=c \; \wedge \; i(t,x),\, c \neq miss \\ 0 \; if \; i(t,x) \neq c \; \wedge \; i(t,x),\, c \neq miss \\ miss \; if \; i(t,x)=miss \; \vee \; c=miss \end{cases}$$

nec 不等于常量

$$o(t,x)=\begin{cases} 1 \; if \; i(t,x) \neq c \; \wedge \; i(t,x),\, c \neq miss \\ 0 \; if \; i(t,x)=c \; \wedge \; i(t,x),\, c \neq miss \\ miss \; if \; i(t,x)=miss \; \vee \; c=miss \end{cases}$$

lec 不大于常量

$$o(t,x)=\begin{cases} 1 \; if \; i(t,x) \leq c \; \wedge \; i(t,x),\, c \neq miss \\ 0 \; if \; i(t,x) > c \; \wedge \; i(t,x),\, c \neq miss \\ miss \; if \; i(t,x)=miss \; \vee \; c=miss \end{cases}$$

ltc 小于常量

$$o(t,x)=\begin{cases} 1 \; if \; i(t,x) < c \; \wedge \; i(t,x),\, c \neq miss \\ 0 \; if \; i(t,x) \geq c \; \wedge \; i(t,x),\, c \neq miss \\ miss \; if \; i(t,x)=miss \; \vee \; c=miss \end{cases}$$

gec 不小于常量

$$o(t,x)=\begin{cases} 1 \; if \; i(t,x) \geq c \; \wedge \; i(t,x),\, c \neq miss \\ 0 \; if \; i(t,x) < c \; \wedge \; i(t,x),\, c \neq miss \\ miss \; if \; i(t,x)=miss \; \vee \; c=miss \end{cases}$$

gtc 大于常量

$$o(t,x) = \begin{cases} 1 \ if \ i(t,x) > c \ \wedge \ i(t,x), \ c \neq miss \\ 0 \ if \ i(t,x) \leqslant c \ \wedge \ i(t,x), \ c \neq miss \\ miss \ if \ i(t,x) = miss \ \vee \ c = miss \end{cases}$$

参数

c FLOAT   常量

示例

如果变量场元素大于 273.15,则创建包含 1 的掩码,及如果不大于 273.15,则创建包含 0 的掩码,运行:

```
cdo gtc,273.15 ifile ofile
```

2.6   Modification-修改

该节是关于修改数据集元数据、变量场或部分变量场的模块。

下列是关于本节中所有操作符的简短概述:

setpartabp	设置参数表(通过参数 ID 搜索变量)
setpartabn	设置参数表(通过参数名搜索变量)
setpartab	设置参数表
setcode	设置代码
setparam	设置参数 ID
setname	设置变量名
setunit	设置变量单位
setlevel	设置分层
setltype	设置 GRIB 分层类型
setdate	设置日期
settime	设置一天的时间
setday	设置天数
setmon	设置月份
setyear	设置年份
settunits	设置时间单位
settaxis	设置时间轴
setreftime	设置参照时间
setcalendar	设置日历
shifttime	设置时间步
chcode	修改代码

chparam	修改参数 ID
chname	修改变量名
chunit	修改变量单位
chlevel	修改分层
chlevelc	修改每一代码的分层
chlevelv	修改每一变量的分层
setgrid	设置网格
setgridtype	设置网格类型
setgridarea	设置网格单元面积
setzaxis	设置 z 轴
genlevelbounds	生成分层边界
setgatt	设置全域属性(单数)
setgatts	设置全域属性(复数)
invertlat	倒置纬度
invertlev	倒置分层
maskregion	掩码区域
masklonlatbox	模糊经/纬度框
maskindexbox	模糊数值框
setclonlatbox	将经/纬度框为设置常量
setcindexbox	将数值框设置为常量
enlarge	扩展变量场
setmissval	设置新缺失值
setctomiss	将某一常量设置为缺失值
setmisstoc	将缺失值设置为某一常量
setrtomiss	将某一范围设置为缺失值
setvrange	设置有效范围
setmisstonn	将缺失值设置为某一邻近值

2.6.1 SETPARTAB-设置参数表

简介

<操作符>,*table*[,*convert*] ifile ofile

描述

该模块通过参数表转换 ifile 的数据和元数据,并将结果写入 ofile。参数表是一个给每一变量都设置了一组参数项的 ASCII 格式文件。每一组开头为

"&parameter",末尾为"/"。

支持下列参数表项:

内容	类型	描述
name	WORD	变量名
out_name	WORD	变量的新名称
param	WORD	参数 ID(GRIB1:code[.tabnum];GRIB2:num[.cat[.dis]])
out_param	WORD	新参数 ID
type	WORD	数据类型(real 或 double)
standard_name	WORD	如 CF 标准名称表中定义的
long_name	STRING	描述变量
units	STRING	指定变量单位
comment	STRING	关于变量的信息
cell_methods	STRING	关于平均或气候学计算信息
cell_measures	STRING	表示单元面积和内容的变量名
missing_value	FLOAT	具体说明怎样鉴别缺失数据
valid_min	FLOAT	最小有效值
valid_max	FLOAT	最大有效值
ok_min_mean_abs	FLOAT	最小绝对均值
ok_max_mean_abs	FLOAT	最大绝对均值
factor	FLOAT	比例系数
delete	INTEGER	设置成 1 为删除变量
convert	INTEGER	如必要,设置 1 进行单位转化

变量的搜索键取决于操作符。应用 setpartabn 通过名称搜索变量,这通常用于 netCDF 格式的数据集。运算符 setpartabp 通过参数 ID 搜索变量。

操作符

setpartabp   设置参数表
              通过参数 ID 搜索变量。

setpartabn   设置参数表
              通过参数名搜索变量。

参数

table   STRING   参数表文件或名称

convert　　　STRING　　　如必要,进行单位转化
示例

下面是一个变量参数表的示例:

```
prompt> cat mypartab
&parameter
  name          = t
  out_name      = ta
  standard_name = air_temperature
  convert       = 1
  units         = "K"
  missing_value = 1e+20
  valid_min     = 157.1
  valid_max     = 336.3
/
```

欲将此参数表应用至数据集,运行:

```
cdo setpartabn,mypartab,convert ifile ofile
```

该命令对变量 t 至 ta 进行了重命名。此变量的标准名设为 air_tempera-
ture,单位设成[k](如必要,进行单位转化)。缺失值设为 1e+20。此外,无论变
量值是否在 157.1 至 336.3 间,均会检查变量值。

2.6.2　SET-设置变量场信息

简介

setpartab,*table* ifile ofile

setcode,*code* ifile ofile

setparam,*param* ifile ofile

setname,*name* ifile ofile

setunit,*unit* ifile ofile

setlevel,*level* ifile ofile

setltype,*ltype* ifile ofile

描述

该模块设置某些变量场信息。参数表、代码、参数 ID、变量名或分层的设置
取决于所选的操作符。

操作符

setpartab　设置参数表
　　　　　　设置所有变量的参数表。

setcode　　设置代码
　　　　　　设置所有变量的代码为相同的给定值。

setparam	设置参数 ID
setname	设置变量名
setunit	设置变量单位
setlevel	设置分层
setltype	设置 GRIB 分层类型

setparam 设置参数 ID
设置第一个变量的参数 ID。
setname 设置变量名
设置第一个变量的名称。
setunit 设置变量单位
设置第一个变量的单位。
setlevel 设置分层
设置所有变量的第一分层。
setltype 设置 GRIB 分层类型
设置所有变量的 GRIB 分层类型

参数

table	STRING	参数表文件或名称
code	INTEGER	代码
param	STRING	参数 ID（GRIB1：code［. tabnum］；GRIB2：num ［. cat［. dis］］）
name	STRING	变量名
level	FLOAT	新的分层
ltype	INTEGER	GRIB 分层类型

2.6.3 SETTIME-设置时间

简介

setdate,*date* ifile ofile

settime,*time* ifile ofile

setday,*day* ifile ofile

setmon,*month* ifile ofile

setyear,*year* ifile ofile

settunits,*units* ifile ofile

settaxis,*date*,*time*［,*inc*］ ifile ofile

setreftime,*date*,*time*［,*units*］ ifile ofile

setcalendar,*calendar* ifile ofile

shifttime,*sval* ifile ofile

描述

该模块设置时间轴或部分时间轴。重写哪一部分时间轴取决于所选的操作符。

操作符

setdate	设置日期	
	将每一时间步日期设置为相同的给定值。	
settime	设置一天的时间	
	将每一时间步时间设置为相同的给定值。	
setday	设置天数	
	将每一时间步天数设置为相同的给定值。	
setmon	设置月份	
	将每一时间步月份设置为相同的给定值。	
setyear	设置年份	
	将每一时间步年份设置为相同的给定值。	
settunits	设置时间单位	
	设置相对时间轴的基本单位。	
settaxis	设置时间轴	
	设置时间轴。	
setreftime	设置参照时间	
	设置相对时间轴的参照时间。	
setcalendar	设置日历	
	设置相对时间轴的日历。	
shifttime	改变时间步	
	通过参数 sval 改变时间步。	

参数

day	INTEGER	新的天数
month	INTEGER	新的月份
year	INTEGER	新的年份
units	STRING	时间轴基本单位(秒、分、时、天、月、年)
date	STRING	日期(格式:YYYY-MM-DD)
time	STRING	时间(格式:hh:mm:ss)
inc	STRING	可选增量(秒、分、时、天、月、年)[默认:0 时]
calendar	STRING	日历(标准、预期公历、360 天、365 天、366 天)
sval	STRING	改变值(例如-3 小时)

示例

设置一个时间步长为一个月的的时间轴,直至 1987-01-16 12:00:00,运行:

```
cdo settaxis,1987-01-16,12:00:00,1mon ifile ofile
```

具有 12 个时间步的数据集"cdo showdate ofile"的查询结果：

```
1987-01-16 1987-02-16 1987-03-16 1987-04-16 1987-05-16 1987-06-16 \
1987-07-16 1987-08-16 1987-09-16 1987-10-16 1987-11-16 1987-12-16
```

改变此时间轴步长为-15 天,运行：

```
cdo shifttime,-15days ifile ofile
```

"cdo showdate ofile"的查询结果：

```
1987-01-01 1987-02-01 1987-03-01 1987-04-01 1987-05-01 1987-06-01 \
1987-07-01 1987-08-01 1987-09-01 1987-10-01 1987-11-01 1987-12-01
```

2.6.4　CHANGE-修改变量场的头文件

简介

chcode,*oldcode*,*newcode*[,...] ifile ofile

chparam,*oldparam*,*newparam*,... ifile ofile

chname,*oldname*,*newname*,... ifile ofile

chunit,*oldunit*,*newunit*,... ifile ofile

chlevel,*oldlev*,*newlev*,... ifile ofile

chlevelc,*code*,*oldlev*,*newlev* ifile ofile

chlevelv,*name*,*oldlev*,*newlev* ifile ofile

描述

该模块从 ifile 中读取变量场,改变某些头文件,并将结果写入 ofile。改变的内容取决于所选的操作符。

操作符

chcode　　　修改代码

　　　　　　将用户给定的代码修改为新用户指定的值。

chparam　　修改参数 ID

　　　　　　将用户给定的参数 ID 修改为新用户指定的值。

chname　　　修改变量名

　　　　　　将用户给定的变量名修改为新用户指定的值。

chunit　　　修改变量单位

　　　　　　将用户给定的变量单位修改为新用户指定的值。

chlevel　　　修改分层

　　　　　　将用户给定的分层修改为新用户指定的值。

chlevelc　　修改一个代码的分层

　　　　　　修改用户指定的代码分层

chlevelv   修改一个变量的分层
            修改用户指定的变量名的分层

参数

code	INTEGER	代码
oldcode , *newcode* , . . .	INTEGER	新旧代码对
oldparam , *newparam* , . . .	STRING	新旧参数 ID 对
name	STRING	变量名
oldname , *newname* , . . .	STRING	新旧变量名对
oldlev	FLOAT	旧的分层
newlev	FLOAT	新的分层
oldlev , *newlev* , . . .	FLOAT	新旧分层对

示例

修改代码 98 至 179,99 至 211,运行:

```
cdo chcode,98,179,99,211 ifile ofile
```

2. 6. 5 SETGRID-设置网格信息

简介

setgrid, *grid* ifile ofile

setgridtype, *gridtype* ifile ofile

setgridarea, *gridarea* ifile ofile

描述

该模块修改水平网格的元数据。设置网格描述、转变坐标或添加网格单元面积取决于所选的操作符。

操作符

setgrid   设置网格
               设置新网格的描述。输入变量场的网格尺寸需与目标网格
               尺寸一样。

setgridtype   设置网格类型
               设置所有输入变量场的网格类型。可用下列网格类型:

curvilinear   将常规网格转换为曲线网格

unstructured   将常规或曲线网格转换为非结构化网格

dereference   解除网格引用

regular   将缩减的高斯网格转换为常规高斯网格

lonlat   将存储为曲线网格的常规经纬度网格转换为经纬度网格

setgridarea   设置网格单元面积

设置网格单元面积。参数 *gridarea* 是数据文件的路径,第一个变量场用于网格单元面积。输入文件需与网格单元面积具有相同的网格尺寸。如操作符需要,,网格单元面积会被用于计算每个网格单元的加权,如 fldmean。

参数

grid	STRING	网格描述文件或名称
gridtype	STRING	网格类型(曲线、非结构化、常规、经纬或引用)
gridarea	STRING	数据文件,第一个变量场用于计算网格单元面积

示例

假设数据集在有或没有错误网格描述的 2048 个元素的网格上有一些变量场。欲将所有输入变量场的网格描述设置到高斯 N32 网格(8192 个网格点),运行:

```
cdo setgrid,n32 ifile ofile
```

2.6.6　SETZAXIS-设置 z 轴信息

简介

setzaxis,*zaxis* ifile ofile

genlevelbounds[,zbot[,ztop]] ifile ofile

描述

该模块修改垂直网格的元数据。

操作符

setzaxis　　　　设置 z 轴

此运算符设置所有与新 z 轴具有相同变量分层数的 z 轴描述。

genlevelbounds　生成分层边界

生成 z 轴分层边界。

参数

zaxis	STRING	Z 轴描述文件或目标 z 轴名称
zbot	FLOAT	指定纵向的底部,必须与 z 轴有相同单位。
ztop	FLOAT	指定纵向的顶部,必须与 z 轴有相同单位。

2.6.7　SETGATT-设置全域属性

简介

setgatt,*attname*,*attstring* ifile ofile

setgatts,*att file* ifile ofile

描述

该模块设置数据集的全域文本属性。从文件中读取属性或由参数指定属性,取决于所选的操作符。

操作符

setgatt 设置全域属性(单数)

设置一个用户定义的全域文本属性。

setgatts 设置全域属性(复数)

设置用户定义的全域文本属性。从文件中读取全域属性的名称或文本。

参数

attname,*attstring* STRING 全域属性的名称或文本(不带空格!)

att file STRING 包含全域文本属性的文件名

注意

除了 netCDF,所有的数据格式都不支持全域属性。

示例

在 netCDF 文件中设置全域文本属性"myatt"为"myattcontents",运行:

```
cdo setgatt,myatt,myattcontents ifile ofile
```

"ncdump -h ofile"查询结果为:

```
netcdf ofile {
dimensions: ...

variables: ...

// global attributes:
            :myatt = "myattcontents" ;
}
```

2.6.8 INVERT-倒置纬度

简介

invertlat ifile ofile

描述

该操作符将直线网格的所有变量场进行纬度倒置。

示例

由 N->S 至 S->N 倒置 2D 变量场纬度,运行:

```
cdo invertlat ifile ofile
```

2.6.9 INVERTLEV-倒置分层

简介

invertlev ifile ofile

描述

改运操作倒置所有 3D 变量分层

2.6.10 MASKREGION-区域屏蔽

语法

maskregion,*regions* ifile ofile

描述

使用常规的经/纬网格屏蔽变量的不同区域,仅考虑那些在区域内具有网格中心的网格单元,区域内的格点不受影响,外部格点设置为缺省值。用户须在不同区域给出 ASCII 格式文件,所有输入文件须有相同的水平网格。区域由多边形定义,多边形描述文件的每一行包含一个点的经度和纬度,每一多边形描述文件可包含一个或多个由字符 & 分隔的多边形。

参数

regions　　　STRING　　　不同区域 ASCII 格式文件的逗号分隔列表

示例

为屏蔽所有输入文件中经度 120°E～90°W 和纬度 20°N～20°S 的区域,运行:

```
cdo maskregion,myregion ifile ofile
```

该例表明多边形描述文件应包含下列 4 个坐标:

```
120   20
120  -20
270  -20
270   20
```

2.6.11 MASKBOX-矩形屏蔽

语法

masklonlatbox,*lon*1,*lon*2,*lat*1,*lat*2 ifile ofile

maskindexbox,*idx*1,*idx*2,*idy*1,*idy*2 ifile ofile

描述

屏蔽一个矩形正交网格变量。矩形内格点不受影响,外部格点设置为缺省值。所有输入文件须有相同的水平网格。仅在需要矩形内数据时,使用 sellon-latbox 或 selindexbox。

操作符

masklonlatbox 屏蔽经/纬矩形

屏蔽常规经/纬矩形。用户须给出矩形边缘的经度和纬度。只考虑经/纬矩形中网格中心的网格单元。

masklonlatbox 屏蔽指数矩形。

屏蔽一个指数矩形。用户须给出矩形边缘的指数。左边缘的指数可大于右边缘的指数。

参数

$lon1$	FLOAT	西经
$lon2$	FLOAT	东经
$lat1$	FLOAT	南或北纬
$lat2$	FLOAT	北或南纬
$idx1$	INTEGER	第一经度指数
$idx2$	INTEGER	最后经度指数
$idy1$	INTEGER	第一纬度指数
$idy2$	INTEGER	最后纬度指数

示例

从所有输入变量中屏蔽经度 120°E~90°W 和纬度 20°N~20°S 的区域,运行:

```
cdo masklonlatbox,120,-90,20,-20 ifile ofile
```

如果输入数据集在高斯 N16 网格中有变量,可用 maskindexbox 屏蔽相同的范围:

```
cdo maskindexbox,23,48,13,20 ifile ofile
```

2.6.12 SETBOX-设置矩形为常量

语法

setclonlatbox,c,$lon1$,$lon2$,$lat1$,$lat2$ ifile ofile

setcindexbox,c,$idx1$,$idx2$,$idy1$,$idy2$ ifile ofile

描述

设置矩形正交网格变量为常量。矩形外变量不受影响,矩形内变量设置为给定常量。所有输入变量需有相同水平网格。

操作符

setclonlatbox   设置经/纬矩形为常量

设置经/纬矩形为常量。用户须给出矩形边缘的经度和纬度。

setcindexbox   设置指数矩形为常量

设置指数矩形的值为常量。用户须给出矩形边缘的指数。左边缘的指数可大于右边缘的指数。

参数

c	FLOAT	常量
$lon1$	FLOAT	西经
$lon2$	FLOAT	东经
$lat1$	FLOAT	南或北纬
$lat2$	FLOAT	北或南纬
$idx1$	INTEGER	第一经度指数
$idx2$	INTEGER	最后经度指数
$idy1$	INTEGER	第一纬度指数
$idy2$	INTEGER	最后纬度指数

示例

将经度120°E～90°W和纬度20°N～20°S区域的所有值设为常量-1.23,运行:

```
cdo setclonlatbox,-1.23,120,-90,20,-20 ifile ofile
```

如果输入数据集在高斯N16网格中有变量,可用setcindexbox设置相同的范围:

```
cdo setcindexbox,-1.23,23,48,13,20 ifile ofile
```

2.6.13   ENLARGE-扩充变量

语法

enlarge,$grid$ ifile ofile

描述

扩充ifile的所有变量至用户给定网格。通常只有最后一个变量元素用于扩充。但是,如果输入和输出网格是常规经/纬网格,就有可能进行纬向或经向扩充。如果输入变量的xsize为1,两个网格变量的ysize相同,则进行纬向扩充。对于经向扩充,ysize必须为1,两个网格的xsize应相同。

参数

grid   STRING   目标网格描述文件或名称

示例

假设要增加 2 个数据集。第一个数据集是全球网格的变量(包含 n 个网格变量),第二个数据集是全球平均值(只含 1 个网格变量)。在添加这两个数据集前,须将第二个数据集扩充至第一个数据集的网格尺寸:

```
cdo enlarge,ifile1 ifile2 tmpfile
cdo add ifile1 tmpfile ofile
```

或使用操作符连接以缩短表达:

```
cdo add ifile1 -enlarge,ifile1 ifile2 ofile
```

2.6.14　SETMISS-设置缺省值

语法

setmissval,*newmiss* ifile ofile

setctomiss,*c* ifile ofile

setmisstoc,*c* ifile ofile

setrtomiss,*rmin*,*rmax* ifile ofile

setvrange,*rmin*,*rmax* ifile ofile

setmisstonn ifile ofile

描述

此模块设置部分变量为缺省值或将缺省值设置为常量。设置哪部分变量取决于所选操作符。

操作符

setmissval   设置新的缺省值

$$o(t,x) = \begin{cases} \text{newmiss} & \text{if } i(t,x) = \text{miss} \\ i(t,x) & \text{if } i(t,x) \neq \text{miss} \end{cases}$$

setctomiss   设置常量为缺省值

$$o(t,x) = \begin{cases} \text{newmiss} & \text{if } i(t,x) = \text{miss} \\ i(t,x) & \text{if } i(t,x) \neq \text{miss} \end{cases}$$

setmisstoc   设置缺省值为常量

$$o(t,x) = \begin{cases} \text{miss} & \text{if } i(t,x) = c \\ i(t,x) & \text{if } i(t,x) \neq c \end{cases}$$

setrtomiss   设置一定范围内的变量为缺省值

$$o(t,x) = \begin{cases} \text{miss} & \text{if } i(t,x) \geq \text{rmin} \wedge i(t,x) \leq \text{rmax} \\ i(t,x) & \text{if } i(t,x) < \text{rmin} \vee i(t,x) > \text{rmax} \end{cases}$$

setvrange   设置有效范围

$$o(t,x) = \begin{cases} \text{miss} & \text{if } i(t,x) < \text{rmin} \vee i(t,x) > \text{rmax} \\ i(t,x) & \text{if } i(t,x) \geq \text{rmin} \vee i(t,x) \leq \text{rmax} \end{cases}$$

setmisstonn   设置缺省值为最近邻点

设置所有缺省值为最近的非缺省值。

$$o(t,x) = \begin{cases} i(t,y) & \text{if } i(t,x) \geq \text{miss} \wedge i(t,y) \neq \text{miss} \\ i(t,x) & \text{if } i(t,x) \neq \text{miss} \end{cases}$$

参数

newmiss	FLOAT	新缺省值
c	FLOAT	常量
rmin	FLOAT	下界
rmax	FLOAT	上界

示例

假设输入数据集有温度在 246 至 304 开尔文间的变量。为设置所有低于 273.15 开尔文的值为缺省值,运行:

```
cdo setrtomiss,0,273.15 ifile ofile
```

"cdo info ifile"的运行结果为:

-1 :	Date	Time	Code	Level	Size	Miss :	Minimum	Mean	Maximum
1 :	1987-12-31	12:00:00	139	0	2048	0 :	246.27	276.75	303.71

"cdo info ofile"的运行结果为:

-1 :	Date	Time	Code	Level	Size	Miss :	Minimum	Mean	Maximum
1 :	1987-12-31	12:00:00	139	0	2048	871 :	273.16	287.08	303.71

2.7 算术

此节包含算术处理数据集的模块。

下列是此节中所有操作符的概述:

expr	运算表达式
exprf	运算表达式脚本
aexpr	运算表达式和附加结果
aexprf	运算表达式脚本和附加结果
abs	绝对值
int	整数值
nint	最近整数值

pow	乘方
sqr	平方
sqrt	平方根
exp	指数
ln	自然对数
log10	以 10 为底的对数
sin	正弦
cos	余弦
tan	正切
asin	反正弦
acos	反余弦
reci	倒数
addc	加上常量
subc	减去常量
mulc	乘以常量
divc	除以常量
add	加上两个变量
sub	减去两个变量
mul	乘以两个变量
div	除以两个变量
min	两个变量的最小者
max	两个变量的最大者
atan2	两个变量的反正切
monadd	加上月度时间序列
monsub	减去月度时间序列
monmul	乘以月度时间序列
mondiv	除以月度时间序列
yhouradd	加上多年小时时间序列
yhoursub	减去多年小时时间序列
yhourmul	乘以多年小时时间序列
yhourdiv	除以多年小时时间序列
ydayadd	加上多年日时间序列
ydaysub	减去多年日时间序列
ydaymul	乘以多年日时间序列

ydaydiv	除以多年日时间序列
ymonadd	加上多年月度时间序列
ymonsub	减去多年月度时间序列
ymonmul	乘以多年月度时间序列
ymondiv	除以多年月度时间序列
yseasadd	加上多年季节时间序列
yseassub	减去多年季节时间序列
yseasmul	乘以多年季节时间序列
yseasdiv	除以多年季节时间序列
muldpm	按月乘以日
divdpm	按月除以日
muldpy	按年乘以日
divdpy	按年除以日

2.7.1 EXPR-运算表达式

语法

expr,*instr* ifile ofile

exprf,*filename* ifile ofile

aexpr,*instr* ifile ofile

aexprf,*filename* ifile ofile

描述

此模块处理输入数据集的每一时间步。每一单独的赋值语句必须以分号结束。

支持下列操作符：

操作符	含义	示例	结果
=	赋值	$x=y$	把 y 赋值给 x
+	加	$x+y$	x 和 y 之和
—	减	$x-y$	x 和 y 之差
*	乘	$x*y$	x 和 y 乘积
/	除	x/y	x 和 y 之商
	幂	$x\quad y$	x 的 y 次幂
==	等于	$x==y$	如 x 等于 y,为 1;否则为 0

续表

操作符	含义	示例	结果
!=	不等于	$x!=y$	如 x 不等于 y，为 1；否则为 0
>	大于	$x>y$	如 x 大于 y，为 1；否则为 0
<	小于	$x<y$	如 x 小于 y，为 1；否则为 0
>=	大于等于	$x>=y$	如 x 大于等于 y，为 1；否则为 0
<=	小于等于	$x<=y$	如 x 小于等于 y，为 1；否则为 0
<=>	小于等于大于	$x<=>y$	如 x 小于 y，为 -1，大于 y，为 1；否则为 0
&&	逻辑 AND	$x\&\&y$	如 x 和 y 都不等于 0，为 1；否则为 0
||	逻辑 OR	$x\|\|y$	如 x 或 y 不等于 0，为 1；否则为 0
?:	三元条件	$x?y:z$	如 x 不等于 0，为 y；否则为 z

下列内置函数可直接使用：

abs(x)　　　　x 的绝对值

floor(x)　　　取整到不大于 x 的最大整数值

ceil(x)　　　　取整到不小于 x 的最小整数值

int(x)　　　　x 的整数值

nint(x)　　　　x 的最近整数值

sqr(x)　　　　x 的平方

sqrt(x)　　　　x 的平方根

exp(x)　　　　x 的幂

log(x)　　　　x 的自然对数

log10(x)　　　x 的以 10 为底的对数

sin(x)　　　　x 的正弦，x 为指定的弧度

cos(x)　　　　x 的余弦，x 为指定的弧度

tan(x)　　　　x 的正切，x 为指定的弧度

asin(x)　　　　x 的反正弦，x 为指定的弧度

acos(x)　　　　x 的反余弦，x 为指定的弧度

atan(x)　　　　x 的反正切，x 为指定的弧度

操作符

expr　　　　运算表达式

　　　　　　从参数读取处理指令。

exprf　　　　运算表达式脚本

　　　　　　与 expr 相反，从文件读取处理指令。

aexpr   运算表达式和附加结果

与 expr 相同,但保留输入变量和附加结果。

aexprf   运算表达式脚本和附加结果

与 exprf 相同,但保留输入变量和附加结果。

参数

instr   STRING   处理指令(多数情况下需"引用")

filename   STRING   带有处理指令的文件

示例

假设输入数据集至少包含变量"aprl"、"aprc"和"ts"。为创建"aprl"和"aprc"之和的新变量"var1"和将温度由开尔文转化为摄氏度的变量"var2",运行:

```
cdo expr,'var1=aprl+aprc;var2=ts-273.15;' ifile ofile
```

相同示例,但指令由文件读取:

```
cdo exprf,myexpr ifile ofile
```

myexpr 文件包含:

```
var1 = aprl + aprc;
var2 = ts - 273.15;
```

2.7.2 MATH-数学函数

语法

<操作符> ifile ofile

描述

此模块包含某些标准数学函数。所有的三角函数都以弧度计算。

操作符

abs   绝对值

$$o(t,x) = \text{abs}(i(t,x))$$

int   整数值

$$o(t,x) = \text{int}(i(t,x))$$

nint   最近整数值

$$o(t,x) = \text{nint}(i(t,x))$$

pow   幂

$$o(t,x) = i(t,x)^y$$

sqr   平方

$$o(t,x) = i(t,x)^2$$

sqrt   平方根

$$o(t,x) = \sqrt{i(t,x)}$$

exp   指数

$$o(t,x) = e^{i(t,x)}$$

ln   自然对数

$$o(t,x) = \ln(i(t,x))$$

$\log_{10}$ 以 10 为底的对数

$$o(t,x) = \log_{10}(i(t,x))$$

sin   正弦

$$o(t,x) = \sin(i(t,x))$$

cos   余弦

$$o(t,x) = \cos(i(t,x))$$

tan   正切

$$o(t,x) = \tan(i(t,x))$$

asin   反正弦

$$o(t,x) = \arcsin(i(t,x))$$

acos   反余弦

$$o(t,x) = \arccos(i(t,x))$$

reci   倒数

$$o(t,x) = 1/i(t,x)$$

示例

为计算所有变量元素的平方根,运行:

```
cdo sqrt ifile ofile
```

2. 7. 3　ARITHC-常数运算

语法

＜操作符＞,c ifile ofile

描述

此模块执行数据集和常数的所有变量元素的简单运算。ofile 的变量继承 if-ile 的元数据。

操作符

addc   添加常量

$$o(t,x) = i(t,x) + c$$

subc   减去常量

$$o(t,x) = i(t,x) - c$$

mulc   乘以常量

$$o(t,x) = i(t,x) * c$$

divc   除以常量

$$o(t,x) = i(t,x) / c$$

参数

c FLOAT   常量

示例

为得所有输入变量与常数-273.15 之和,运行:

```
cdo addc,-273.15 ifile ofile
```

2.7.4　ARITH-两个数据集的运算

语法

<操作符> ifile1 ifile2 ofile

描述

此模块执行两个数据集的简单运算。ifile1 的变量数目应与 ifile2 的一样。ofile 的变量继承 ifile1 的元数据。每个输入文件仅可包含一个时间步或一个变量。

操作符

add   添加两个变量

$$o(t,x) = i_1(t,x) + i_2(t,x)$$

sub   减去两个变量

$$o(t,x) = i_1(t,x) - i_2(t,x)$$

mul   乘以两个变量

$$o(t,x) = i_1(t,x) * i_2(t,x)$$

div 除以两个变量

$$o(t,x) = i_1(t,x) / i_2(t,x)$$

min 两个变量的最小值

$$o(t,x) = \min(i_1(t,x), i_2(t,x))$$

max 两个变量的最大值

$$o(t,x) = \max(i_1(t,x), i_2(t,x))$$

atan2 两个变量的反正切

$atan2$ 操作符计算两个变量的反正切。结果在-PI 和 PI 间（包括-PI 和 PI），用弧度表示。

$$o(t,x) = \mathrm{atan2}(i_1(t,x), i_2(t,x))$$

示例

为求第一输入文件的所有变量与第二输入文件的相应变量之和，运行：

```
cdo add ifile1 ifile2 ofile
```

2.7.5 MONARITH-月度运算

语法

＜操作符＞ ifile1 ifile2 ofile

描述

此模块执行时间序列和相同年月时间步的简单运算。对于 ifile1 的每一变量，应用同年月的 ifile2 时间步的相应变量。ifile1 标题信息须与 ifile2 的一样。通常，模块 MONSTAT 的操作符生成 ifile2。

操作符

monadd 加上月度时间序列

加上时间序列和月度时间序列。

monsub 减去月度时间序列

减去时间序列和月度时间序列。

monmul 乘以月度时间序列

乘以时间序列和月度时间序列。

mondiv 除以月度时间序列

除以时间序列和月度时间序列。

示例

为从时间序列减去月度时间平均,运行:

```
cdo monsub ifile -monavg ifile ofile
```

2.7.6　YHOURARITH-多年小时运算

语法

＜操作符＞ ifile1 ifile2 ofile

描述

此模块执行时间序列与年份中相同小时和日的时间步的简单运算。对于 if-ile1 的每一变量,使用 ifile2 中年份里同小时和日的时间步对应的变量。ifile1 标题信息须与 ifile2 的一样。通常,由模块 YHOURSTAT 的操作符生成 ifile2。

操作符

yhouradd　添加多年小时序列

　　　　　　添加时间序列和多年小时序列

yhoursub　减去多年小时序列

　　　　　　减去时间序列和多年小时序列

yhourmul　乘以多年小时序列

　　　　　　乘以时间序列和多年小时序列

yhourdiv　除以多年小时序列

　　　　　　除以时间序列和多年小时序列

示例

为从时间序列减去多年小时时间平均值,运行:

```
cdo yhoursub ifile -yhouravg ifile ofile
```

2.7.7　YDAYARITH-多年日运算

语法

＜操作符＞ ifile1 ifile2 ofile

描述

此模块执行时间序列和年份里同日的时间步的简单运算。对于 ifile1 的每一变量,使用 ifile2 中年份里同日时间步对应的变量。ifile1 标题信息须与 ifile2 的一样。通常,由模块 YDAYSTAT 的操作符生成 ifile2。

操作符

ydayadd　　添加多年日时间序列

添加时间序列和多年日时间序列。

ydaysub   减去多年日时间序列

减去时间序列和多年日时间序列。

ydaymul   乘以多年日时间序列

乘以时间序列和多年日时间序列。

ydaydiv   除以多年日时间序列

除以时间序列和多年日时间序列。

示例

为从时间序列减去多年日平均值,运行：

```
cdo ydaysub ifile -ydayavg ifile ofile
```

2.7.8   YMONARITH-多年月度运算

语法

<操作符> ifile1 ifile2 ofile

描述

此模块执行时间序列和年份里同月时间步的简单运算。对于 ifile1 的每一字段,使用 ifile2 中年份里同月时间步对应变量。ifile1 标题信息须与 ifile2 的一样。通常,由模块 YMONSTAT 的操作符生成 ifile2。

操作符

ymonadd   添加多年月度时间序列

添加时间序列和多年月度时间序列。

ymonsub   减去多年月度时间序列

减去时间序列和多年月度时间序列。

ymonmul   乘以多年月度时间序列

乘以时间序列和多年月度时间序列。

ymondiv   除以多年月度时间序列

除以时间序列和多年月度时间序列。

示例

为从时间序列减去多年月度时间平均值,运行：

```
cdo ymonsub ifile -ymonavg ifile ofile
```

2.7.9　YSEASARITH-多年季节运算

语法

＜操作符＞ ifile1 ifile2 ofile

描述

此模块执行时间序列和相同季节时间步的简单运算。对于 ifile1 的每一变量,使用 ifile2 中同季节时间步对应的变量。ifile1 标题信息须与 ifile2 的一样。通常,由模块 YSEASSTAT 的操作符生成 ifile2。

操作符

yseasadd　　添加多年季节时间序列

　　　　　　添加时间序列和多年季节时间序列。

yseassub　　减去多年季节时间序列

　　　　　　减去时间序列和多年季节时间序列。

yseasmul　　乘以多年季节时间序列

　　　　　　乘以时间序列和多年季节时间序列。

yseasdiv　　除以多年季节时间序列

　　　　　　除以时间序列和多年季节时间序列。

示例

为从时间序列减去多年季节平均值,运行:

```
cdo yseassub ifile -yseasavg ifile ofile
```

2.7.10　ARITHDAYS-日运算

语法

＜操作符＞ ifile ofile

描述

此模块将数据集每一时间步与按月的相应日或按年的相应日进行相乘或相除。这些函数的结果取决于输入数据所使用的日历。

操作符

muldpm　　按月乘以日

$$o(t,x) = i(t,x) * days\_per\_month$$

divdpm　　按月除以日

$$o(t,x) = i(t,x) / days\_per\_month$$

muldpy　　按年乘以日

$$o(t,x) = i(t,x) * days\_per\_year$$

divdpy 按年除以日

$$o(t,x) = i(t,x) / days\_per\_year$$

2.8 统计值

此节包含计算数据集的统计值的模块。在此程序中,"mean"和"average"的概念不同,以区分两种不同的缺省值处理方法。计算"mean"时,只将非缺省值当作样本,可能减少样本大小。计算"average"时,仅添加样本元并按样本大小划分结果。例如,1、2、miss 和 3 的"mean"是(1+ 2 + 3)/3= 2,"average"是(1 + 2 +miss + 3)/4= miss/4= miss。如果样本中没有缺省值,"mean"和"average"是相同的。

此程序使用验证时间来确定时间统计的时间范围。时间界限从不会被使用!

本节使用下表中的缩写词:

sum	$\displaystyle\sum_{i=1}^{n} x_i$
mean 表示 avg	$\displaystyle n^{-1} \sum_{i=1}^{n} x_i$
mean 表示 avg 按{wi, i = 1, ..., n}加权	$\displaystyle \Big(\sum_{j=1}^{n} w_i\Big)^{-1} \sum_{i=1}^{n} w_i x_i$
方差 var	$\displaystyle n^{-1} \sum_{i=1}^{n} (x_i - \bar{x})^2$
var1	$\displaystyle (n-1)^{-1} \sum_{i=1}^{n} (x_i - \bar{x})^2$
var 按{wi, i = 1, ..., n}加权	$\displaystyle \Big(\sum_{j=1}^{n} w_i\Big)^{-1} \sum_{i=1}^{n} w_i \Big(x_i - \sum_{i=1}^{n} w_j\Big)^{-1} \sum_{j=1}^{n} w_j x_j\Big)^2$
标准偏差 std	$\displaystyle \sqrt{n^{-1} \sum_{i=1}^{n} (x_i - \bar{x})^2}$

std1

$$\sqrt{(n-1)^{-1}\sum_{i=1}^{n}(x_i-\overline{x})^2}$$

std   按$\{wi, i = 1, \ldots, n\}$加权

$$\sqrt{\left(\sum_{j=1}^{n}w_i\right)^{-1}\sum_{i=1}^{n}w_i\left(x_i-\left(\sum_{j=1}^{n}w_j\right)^{-1}\sum_{i=1}^{n}w_jx_j\right)^2}$$

累积排列,概率得分

$$\int_{-\infty}^{\infty}\left[H(x_1)-cdf(\{x_2\ldots x_n\})\,|_r\right]^2 dr$$

crps

和作为 r 处$\{xi, i = 2 . . . n\}$的累积分布函数的 $cdf(X)|r$,以及跃于 x 处的 Heavyside 函数。

下列是本节中所有操作符的概述:

consecsum	连续总和
consects	连续时间步
ensmin	总体最小值
ensmax	总体最大值
enssum	总体总和
ensmean	总体平均
ensavg	总体算术平均
ensstd	总体标准差
ensstd1	总体标准差
ensvar	总体方差
ensvar1	总体方差
enspctl	总体百分比值
ensrkhistspace	按时间平均排列的柱状图
ensrkhisttime	按空间平均排列的柱状图
ensroc	全体接收者运行特性
enscrps	总体 CRPS 和分解
ensbrs	总体布莱尔分数
fldmin	字段最小
fldmax	字段最大值
fldsum	字段总和

fldmean	字段平均
fldavg	字段算术平均
fldstd	字段标准差
fldstd1	字段标准差
fldvar	字段方差
fldvar1	字段方差
fldpctl	字段百分比值
zonmin	纬向最小值
zonmax	纬向最大值
zonsum	纬向总和
zonmean	纬向平均
zonavg	纬向算术平均
zonstd	纬向标准差
zonstd1	纬向标准差
zonvar	纬向方差
zonvar1	纬向方差
zonpctl	纬向百分比值
mermin	经向最小值
mermax	经向最大值
mersum	经向总和
mermean	经向平均
meravg	经向算术平均
merstd	经向标准差
merstd1	经向标准差
mervar	经向方差
mervar1	经向方差
merpctl	经向百分比值
gridboxmin	网格矩形最小值
gridboxmax	网格矩形最大值
gridboxsum	网格矩形总和
gridboxmean	网格矩形平均
gridboxavg	网格矩形算术平均
gridboxstd	网格矩形标准差
gridboxstd1	网格矩形标准差

gridboxvar	网格矩形方差
gridboxvar1	网格矩形方差
vertmin	垂直最小值
vertmax	垂直最大值
vertsum	垂直总和
vertmean	垂直平均
vertavg	垂直算术平均
vertstd	垂直标准差
vertstd1	垂直标准差
vertvar	垂直方差
vertvar1	垂直方差
timselmin	时间范围最小值
timselmax	时间范围最大值
timselsum	时间范围总和
timselmean	时间范围平均
timselavg	时间范围算术平均
timselstd	时间范围标准差
timselstd1	时间范围标准差
timselvar	时间范围方差
timselvar1	时间范围方差
timselpctl	时间范围百分比值
runmin	运行最小值
runmax	运行最大值
runsum	运行总和
runmean	运行平均
runavg	运行算术平均
runstd	运行标准差
runstd1	运行标准差
runvar	运行方差
runvar1	运行方差
runpctl	运行百分比值
timmin	时间最小值
timmax	时间最大值
timsum	时间总和

timmean	时间平均
timavg	时间算术平均
timstd	时间标准差
timstd1	时间标准差
timvar	时间方差
timvar1	时间方差
timpctl	时间百分比值
hourmin	小时最小值
hourmax	小时最大值
hoursum	小时总和
hourmean	小时平均
houravg	小时算术平均
hourstd	小时标准差
hourstd1	小时标准差
hourvar	小时方差
hourvar1	小时方差
hourpctl	小时百分比值
daymin	日最小值
daymax	日最大值
daysum	日总和
daymean	日平均
dayavg	日算术平均
daystd	日标准差
daystd1	日标准差
dayvar	日方差
dayvar1	日方差
daypctl	日百分位数
monmin	月度最小值
monmax	月度最大值
monsum	月度总和
monmean	月度平均
monavg	月度算术平均
monstd	月度标准差
monstd1	月度标准差

monvar	月度方差
monvar1	月度方差
monpctl	月度百分比值
yearmonmean	月度数据年平均
yearmin	年度最小值
yearmax	年度最大值
yearsum	年度总和
yearmean	年度平均
yearavg	年度算术平均
yearstd	年度标准差
yearstd1	年度标准差
yearvar	年度方差
yearvar1	年度方差
yearpctl	年度百分比值
seasmin	季节最小值
seasmax	季节最大值
seassum	季节总和
seasmean	季节平均
seasavg	季节算术平均
seasstd	季节标准差
seasstd1	季节标准差
seasvar	季节方差
seasvar1	季节方差
seaspctl	季节百分比值
yhourmin	多年小时最小值
yhourmax	多年小时最大值
yhoursum	多年小时总和
yhourmean	多年小时平均
yhouravg	多年小时算术平均
yhourstd	多年小时标准差
yhourstd1	多年小时标准差
yhourvar	多年小时方差
yhourvar1	多年小时方差
ydaymin	多年日最小值

ydaymax	多年日最大值
ydaysum	多年日总和
ydaymean	多年日平均
ydayavg	多年日算术平均
ydaystd	多年日标准差
ydaystd1	多年日标准差
ydayvar	多年日方差
ydayvar1	多年日方差
ydaypctl	多年日百分比值
ymonmin	多年月度最小值
ymonmax	多年月度最大值
ymonsum	多年月度总和
ymonmean	多年月度平均
ymonavg	多年月度算术平均
ymonstd	多年月度标准差
ymonstd1	多年月度标准差
ymonvar	多年月度方差
ymonvar1	多年月度方差
ymonpctl	多年月度百分比值
yseasmin	多年季节最小值
yseasmax	多年季节最大值
yseassum	多年季节总和
yseasmean	多年季节平均
yseasavg	多年季节算术平均
yseasstd	多年季节标准差
yseasstd1	多年季节标准差
yseasvar	多年季节方差
yseasvar1	多年季节方差
yseaspctl	多年季节百分比值
ydrunmin	多年日运行最小值
ydrunmax	多年日运行最大值
ydrunsum	多年日运行总和
ydrunmean	多年日运行平均
ydrunavg	多年日运行算术平均

ydrunstd	多年日运行标准差
ydrunstd1	多年日运行标准差
ydrunvar	多年日运行方差
ydrunvar1	多年日运行方差
ydrunpctl	多年日运行百分比值

2.8.1 CONSECSTAT-连续时间步周期

语法

<操作符> ifile ofile

描述

此模块计算满足某些属性的 ifile 中所有时间步的周期。可通过从原始数据中创建一个掩码选择该属性,它是一种符合此模块操作符的预期输入格式。根据所选操作符,计算每个周期的完整信息或仅计算长度和结束日期。

操作符

consecsum   连续总和

此模块类似于 runsum,运算连续时间步周期,但掩码为 0 时周期结束。

这种方法可以找到多个周期。保存输入的时间步,将缺省值设为 0,也就是结束连续时间步周期。

consects   连续时间步

与上述操作符相反,consects 仅计算每一周期和其最后时间步的长度。为能像 min、max 或 mean 执行统计分析,其他的设置为缺省值。

示例

对于指定的日常温度时间序列,可以通过对输入变量进行原地屏蔽来计算夏日周期:

```
cdo consects -gtc,20.0 ifile1 ofile
```

2.8.2 ENSSTAT-总体统计值

语法

<操作符> ifiles ofile

enspctl, *p* ifiles ofile

描述

此模块计算输入文件的总体统计值。根据所选操作符,将所有输入文件的最小值、最大值、总和、算术平均、方差、标准差或一定的百分比值写入 ofile。所有输入文件需与相同变量具有相同结构。ofile 时间步的数据信息是第一输入文件的日期。

操作符

ensmin　　　总体最小值

$$o(t, x) = \min\{i_1(t, x), i_2(t, x), \cdots, i_n(t, x)\}$$

ensmax　　　总体最大值

$$o(t, x) = \max\{i_1(t, x), i_2(t, x), \cdots, i_n(t, x)\}$$

enssum　　　总体总和

$$o(t, x) = \operatorname{sum}\{i_1(t, x), i_2(t, x), \cdots, i_n(t, x)\}$$

ensmean　　　总体平均

$$o(t, x) = \operatorname{mean}\{i_1(t, x), i_2(t, x), \cdots, i_n(t, x)\}$$

ensavg　　　总体算术平均

$$o(t, x) = \operatorname{avg}\{i_1(t, x), i_2(t, x), \cdots, i_n(t, x)\}$$

ensstd　　　总体标准差
　　　　　　除数为 n。

$$o(t, x) = \operatorname{std}\{i_1(t, x), i_2(t, x), \cdots, i_n(t, x)\}$$

ensstd1　　　总体标准差
　　　　　　除数为(n-1)。

$$o(t, x) = \operatorname{std1}\{i_1(t, x), i_2(t, x), \cdots, i_n(t, x)\}$$

ensvar　　　总体方差
　　　　　　除数为 n。

$$o(t, x) = \operatorname{var}\{i_1(t, x), i_2(t, x), \cdots, i_n(t, x)\}$$

ensvar1　　　总体方差
　　　　　　除数为(n-1)。

$$o(t, x) = \operatorname{var1}\{i_1(t, x), i_2(t, x), \cdots, i_n(t, x)\}$$

enspctl　　　总体百分比值

$$o(t, x) = \text{pth percentile}\{i_1(t, x), i_2(t, x), \cdots, i_n(t, x)\}$$

参数

p　　FLOAT　　以 0,······100 表示的百分比值

示例

计算多于 6 个输入文件的总平均值,运行:

```
cdo ensmean ifile1 ifile2 ifile3 ifile4 ifile5 ifile6 ofile
```

或用更短文件名替换以缩短表达:

```
cdo ensmean ifile[1-6] ofile
```

计算多于 6 个输入文件的第 50 个百分比值(中值),运行:

```
cdo enspctl,50 ifile1 ifile2 ifile3 ifile4 ifile5 ifile6 ofile
```

2.8.3　ENSSTAT2-总体统计值

语法

<操作符> obsfile ensfiles ofile

描述

此模块使用 obsfile 作参照,计算 ensfiles 的总体统计值。根据操作符,参照 obsfile,将排列柱状图或所有 Ensembles ensfiles 的 ROC 曲线写入 ofile。ofile 时间步的日期和网格信息是第一个输入文件的日期。因此,所有输入文件需在网格尺寸、变量定义和时间步数方面具有相同结构。

此模块所有操作符将 obsfile 作为参照(例如观测值),而将 ensfiles 理解为是一个包含 n(n 是 ensfiles 的数目)个成员的总体。

操作符 ensrkhistspace 和 ensrkhisttime 计算排列柱状图。因此,垂直轴被用作柱状图轴,禁止使用包含多个层的文件。柱状图轴上有 nensfiles+1 个级别为 0 的区间,表示每一网格点的观测值都小于所有的总体,级别为 nensfiles+1 表示观测值大于所有的总体。

ensrkhistspace 计算每一时间步排列柱状图时减少每一水平网格至 1x1 网格,保持时间轴与 obsfile 中的一致。与 ensrkhistspace 相反,ensrkhisttime 计算每一网格的柱状图时保持每一变量的水平网格不变而是减少时间轴。时间信息来自于 obsfile 的最后时间步。

操作符

ensrkhistspace　　　根据时间平均的排列柱状图

ensrkhisttime　　　　根据空间平均的排列柱状图

ensroc　　　　　全体接收机工作特性

示例

为计算多于 5 个输入文件 ensfile1-ensfile5，在 obsfile 给定观测值的排列柱状图，运行：

```
cdo ensrkhisttime obsfile ensfile1 ensfile2 ensfile3 ensfile4 ensfile5 ofile
```

或用更短文件名替换以缩短表达：

```
cdo ensrkhisttime obsfile ensfile[1-5] ofile
```

2.8.4　ENSVAL-总体有效工具

语法

enscrps rfile ifiles ofilebase

ensbrs,x rfile ifiles ofilebase

描述

此模块计算总体有效评分和其分解，比如 Brier 和累积排列概率评分。第一个文件用于参考，它可以是针对 ifiles 中给出的总体技能进行测量的气候学观察或重新分析。根据操作符的不同，会生成大量输出文件，每一文件包含相应操作符的技能评分和分解。使用 rfile 中每个级别和时间步的适当权重，在水平变量上平均输出。

所有输入文件需与相同变量具有相同结构。ofile 时间步的日期信息是第一个输入文件的日期。根据不同的操作符，输出文件名可能为＜ofilebase＞、＜type＞、＜filesuffix＞,＜type＞,而＜filesuffix＞由输出文件类型确定。操作符 enscrps 有三个输出文件，操作符 ensbrs 有四个输出文件。

CRPS 及其对可靠性和潜在 CRPS 的分解是通过对现场成员的适当平均来计算的(注意，CRPS 不是线性平均)。在三个输出文件中，＜type＞有以下含义：crps 代表 CRPS、reli 代表 Reliability 和 crpspot 代表潜在 CRPS。关系为 CRPS＝$CRPS_{pot}$＋RELI。

计算 ifile 给出的集合相对于 rfile 中的引用的 Brier 分数和阈值 x。在四个输出文件中，＜type＞有以下含义：brs 代表关于阈值 x 的布莱尔(Brier)分数；brsreli 代表关于阈值 x 的 Brier 分数可信度；brsreso 代表关于阈值 x 的 Brier 分数分辨率；brsunct 代表关于阈值的 Brier 分数不确定性。类比于 CRPS，关系为 $BRS(x) = RELI(x) - RESO(x) + UNCT(x)$。

CRPS 和 Brier Score 的分解的实施遵循 Hans Hersbach(2000):Decomposition of the Continuous Ranked Probability Score for Ensemble Prediction Systems，in：Weather and Forecasting（15）pp. 559-570.

CRPS 代码分解已针对 CRAN 总体有效信息包从 R 中验证过了，。当网格单元区域不一致时会发生 CRF 代码分解，因为 R 中的实现没有考虑到这一点。

操作符

enscrps 总体 CRPS 和分解

ensbrs 总体 Brier 分数

    总体 Brier 分数和分解

示例

在一个包含 5 个成员的 ensfile1-5 的参考 rfile 集合中计算 x＝5 处的变量平均 Brier 分数，并将结果写入文件 obase. brs. ＜suff＞、obase. brsreli＜suff＞、obase. brsreso＜suff＞、obase. brsunct＜suff＞中，其中＜suff＞由输出文件类型确定，运行：

```
cdo ensbrs,5 rfile ensfile1 ensfile2 ensfile3 ensfile4 ensfile5 obase
```

或用更短文件名替换以缩短表达：

```
cdo ensbrs,5 rfile ensfile[1-5] obase
```

2.8.5 FLDSTAT-变量统计值

语法

＜操作符＞ ifile ofile

fldpctl，p ifile ofile

描述

此模块计算输入变量的统计值。根据所选操作符，将变量的最小值、最大值、总和、算术平均、方差、标准差或一定的百分比值写入 ofile。

操作符

fldmin 变量最小值

    对于每一网格点，相同变量的 x_1，…，x_n 为：

$$o(t,1) = \min\left\{i(t,x'), x_1 < x' \le x_n\right\}$$

fldmax 变量最大值

    对于每一网格点，相同变量的 x_1，…，x_n 为：

$$o(t,1) = \max\left\{i(t,x'), x_1 < x' \le x_n\right\}$$

fldsum 变量总和

    对于每一网格点，相同变量的 x_1，…，x_n 为：

$$o(t,1) = \mathrm{sum}\left\{i(t,x'), x_1 < x' \le x_n\right\}$$

fldmean 变量平均

对于每一网格点,相同变量的 x_1, ... , x_n 为:

$$o(t,1) = \mathrm{mean}\left\{i(t,x'), x_1 < x' \le x_n\right\}$$

fldavg 变量算术平均

对于每一网格点,相同变量的 x_1, ... , x_n 为:

$$o(t,1) = \mathrm{avg}\left\{i(t,x'), x_1 < x' \le x_n\right\}$$

fldstd 变量标准差

除数为 n。对于每一网格点,相同变量的 x_1, ... , x_n 为:

$$o(t,1) = \mathrm{std}\left\{i(t,x'), x_1 < x' \le x_n\right\}$$

fldstd1 变量标准差

除数为(n-1)。对于每一网格点,相同变量的 x_1, ... , x_n 为:

$$o(t,1) = \mathrm{std1}\left\{i(t,x'), x_1 < x' \le x_n\right\}$$

fldvar 字段偏差

除数为 n。对于每一网格点,相同变量的 x_1, ... , x_n 为:

$$o(t,1) = \mathrm{var}\left\{i(t,x'), x_1 < x' \le x_n\right\}$$

fldvar1 字段偏差

除数为(n-1)。对于每一网格点,相同变量的 x_1, ... , x_n 为:

$$o(t,1) = \mathrm{var1}\left\{i(t,x'), x_1 < x' \le x_n\right\}$$

fldpctl 字段百分比值

对于每一网格点,相同变量的 x_1, ... , x_n 为:

$$o(t,1) = \mathrm{pth\ percentile}\left\{i(t,x'), x_1 < x' \le x_n\right\}$$

参数

p   FLOAT   以 0,……100 表示的百分比值

示例

为计算所有输入变量的含义,运行:

```
cdo fldmean ifile ofile
```

为计算所有输入变量的第 90 百分比值,运行:

```
cdo fldpctl,90 ifile ofile
```

2.8.6 ZONSTAT-纬向统计值

语法

＜操作符＞ ifile ofile

zonpctl, p ifile ofile

描述

此模块计算输入变量的统计值。根据所选操作符,将纬向最小值、最大值、总和、算术平均、方差、标准差或一定的百分比值写入 ofile。此操作符要求所有的变量在相同的常规经/纬网格。

操作符

zonmin   纬向最小值

                计算所有经度的每一纬度最小值。

zonmax   纬向最大值

                计算所有经度的每一纬度最大值。

zonsum   纬向总和

                计算所有经度的每一纬度总和。

zonmean   纬向平均

                计算所有经度的每一纬度平均。

zonavg   纬向算术平均

                计算所有经度的每一纬度算术平均。

zonstd   纬向标准差

                计算所有经度的每一纬度标准差。除数为 n。

zonstd1   纬向标准差

                计算所有经度的每一纬度标准差。除数为(n-1)。

zonvar   纬向方差

                计算所有经度的每一纬度方差。除数为 n。

zonvar1   纬向方差

                计算所有经度的每一纬度方差。除数为(n-1)。

zonpctl   纬向百分比值

                计算所有经度的每一纬度百分比值。

参数

p   FLOAT   以 0,……100 表示的百分比值

示例

为计算所有输入变量的纬向平均,运行:

```
cdo zonmean ifile ofile
```

为计算所有输入变量的第 50 纬向百分比值(中值),运行:

```
cdo zonpctl,50 ifile ofile
```

2.8.7 MERSTAT-经向统计值

语法

＜操作符＞ ifile ofile

merpctl,p ifile ofile

描述

此模块计算输入变量的经向统计值。根据所选操作符,将经向最小值、最大值、总和、算术平均、方差、标准差或一定的百分比值写入 ofile。此操作符要求所有的变量在相同的常规经/纬网格。

操作符

mermin　　经向最小值
　　　　　　计算所有纬度的每一经度最小值。

mermax　　经向最大值
　　　　　　计算所有纬度的每一经度最大值。

mersum　　经向总和
　　　　　　计算所有纬度的每一经度总和。

mermean　　经向平均
　　　　　　计算所有纬度的每一经度平均。

meravg　　经向算术平均
　　　　　　计算所有纬度的每一经度算术平均。

merstd　　经向标准差
　　　　　　计算所有纬度的每一经度标准差。除数为 n。

merstd1　　经向标准差
　　　　　　计算所有纬度的每一经度标准差。除数为(n-1)。

mervar　　经向方差
　　　　　　计算所有纬度的每一经度方差。除数为 n。

mervar1　　经向方差
　　　　　　计算所有纬度的每一经度方差。除数为(n-1)。

merpctl　　经向百分比值
　　　　　　计算所有纬度的每一经度百分比值。

参数

p   FLOAT   以 0,……100 表示的百分比值

示例

为计算所有输入变量的经向平均,运行:

```
cdo mermean ifile ofile
```

为计算所有输入变量的第 50 经向百分比值(中值),运行:

```
cdo merpctl,50 ifile ofile
```

2.8.8　GRIDBOXSTAT-网格矩形统计值

语法

<操作符>,nx,ny ifile ofile

描述

此模块计算周围网格矩形的统计值。根据所选操作符,将邻近网格矩形最小值、最大值、总和、算术平均、方差或标准差写入 ofile。所有网格矩形操作符仅在四边形曲线网格中运行。

操作符

gridboxmin　　网格矩形最小值

　　　　　　　所选网格矩形最小值。

gridboxmax　　网格矩形最大值

　　　　　　　所选网格矩形最大值。

gridboxsum　　网格矩形总和

　　　　　　　所选网格矩形总和。

gridboxmean　网格矩形平均

　　　　　　　所选网格矩形平均。

gridboxavg　　网格矩形算术平均

　　　　　　　所选网格矩形算术平均。

gridboxstd　　网格矩形标准差

　　　　　　　所选网格矩形标准差。除数为 n。

gridboxstd1　　网格矩形标准差

　　　　　　　所选网格矩形标准差。除数为(n-1)。

gridboxvar　　网格矩形方差

　　　　　　　所选网格矩形方差。除数为 n。

gridboxvar1　　网格矩形方差

所选网格矩形方差。除数为(n-1)。

参数

nx   INTEGER   x 方向网格矩形数目

ny   INTEGER   y 方向网格矩形数目

示例

为计算输入变量 10x10 网格平均,运行:

```
cdo gridboxmean,10,10 ifile ofile
```

2.8.9   VERTSTAT-垂直统计值

语法

<操作符> ifile ofile

描述

此模块计算输入变量所有层的统计值。根据所选操作符,将垂直最小值、最大值、总和、算术平均、方差或标准差写入 ofile。

操作符

vertmin   垂直最小值

计算所有层每一网格点最小值。

vertmax   垂直最大值

计算所有层每一网格点最大值。

vertsum   垂直总和

计算所有层每一网格点总和。

vertmean   垂直平均

计算所有层每一网格点层加权平均。

vertavg   垂直算术平均

计算所有层每一网格点层加权算术平均。

vertstd   垂直标准差

计算所有层每一网格点标准差。除数为 n。

vertstd1   垂直标准差

计算所有层每一网格点标准差。除数为(n-1)。

vertvar   垂直方差

计算所有层每一网格点方差。除数为 n。

vertvar1   垂直方差

计算所有层每一网格点方差。除数为(n-1)。

示例

为计算所有输入变量的垂直总和,运行:

```
cdo vertsum ifile ofile
```

2.8.10 TIMSELSTAT-时间范围统计值

语法

<操作符>,$nsets[,noffset[,nskip]]$ ifile ofile

描述

此模块计算选定数目的时间步的统计值。根据所选操作符,将所选时间步的最小值、最大值、总和、算术平均、方差或标准差写入 ofile。ofile 的时间戳取自于 ifile 有效时间步的中值。

操作符

timselmin 时间范围最小值

对于相同所选时间范围的时间步 t_1,...,t_n 为:

$$o(t,x) = \min\{i(t',x), t_1 < t' \le t_n\}$$

Timselmax 时间范围最大值

对于相同所选时间范围的时间步 t_1,...,t_n 为:

$$o(t,x) = \max\{i(t',x), t_1 < t' \le t_n\}$$

timselsum 时间范围总和

对于相同所选时间范围的时间步 t_1,...,t_n 为:

$$o(t,x) = \mathrm{sum}\{i(t',x), t_1 < t' \le t_n\}$$

timselmean 时间范围平均

对于相同所选时间范围的时间步 t_1,...,t_n 为:

$$o(t,x) = \mathrm{mean}\{i(t',x), t_1 < t' \le t_n\}$$

timselavg 时间范围算术平均

对于相同所选时间范围的时间步 t_1,...,t_n 为:

$$o(t,x) = \mathrm{avg}\{i(t',x), t_1 < t' \le t_n\}$$

timselstd 时间范围标准差

除数为 n。对于相同所选时间范围的时间步 t_1,...,t_n 为:

$$o(t,x) = \text{std}\{i(t',x), t_1 < t' \le t_n\}$$

timselstd1　　时间范围标准差

除数为(n-1)。对于相同所选时间范围的时间步 t_1, … , t_n 为：

$$o(t,x) = \text{std1}\{i(t',x), t_1 < t' \le t_n\}$$

timselvar　　　时间范围方差

除数为 n。对于相同所选时间范围的时间步 t_1, … , t_n 为：

$$o(t,x) = \text{var}\{i(t',x), t_1 < t' \le t_n\}$$

timselvar1　　时间范围方差

除数为(n-1)。对于相同所选时间范围的时间步 t_1, … , t_n 为：

$$o(t,x) = \text{var1}\{i(t',x), t_1 < t' \le t_n\}$$

参数

nsets	INTEGER	每一输出时间步的输入时间步的数目
noffset	INTEGER	在第一时间步范围前跳过输入时间步的数目（可选）
nskip	INTEGER	在时间步范围中跳过输入时间步的数目（可选）

示例

假设输入数据集有几年的月平均。为从月平均计算季节平均,应跳过最初的两个月：

```
cdo timselmean,3,2 ifile ofile
```

2.8.11　TIMSELPCTL-时间范围百分比值

语法

timselpctl, p , $nsets$ [, $noffset$ [, $nskip$]] ifile1 ifile2 ifile3 ofile

描述

此操作符计算 ifile1 所选数目时间步的百分比值,通过 ifile2 和 ifile3 分别界定柱状图的上界和下界,柱状图立柱的默认数量为 101 个,可通过设置环境变量 CDO_PCTL_NBINS 将默认值重写为不同的值。文件 ifile2 和 ifile3 应分别对应操作符 timselmin 和 timselmax 的结果。ofile 的时间戳取自于 ifile 有效时间步的中值。

对于相同所选时间范围的时间步 t_1, ... , t_n 为：

$$o(t, x) = \text{pth percentile} \left\{ i(t', x), t_1 < t' \leq t_n \right\}$$

参数

p	FLOAT	以 0, ···, ···100 表示的百分比值
nsets	INTEGER	每一输出时间步的输入时间步的数目
noffset	INTEGER	在第一时间步范围前跳过输入时间步的数目(可选)
nskip	INTEGER	在时间步范围中跳过输入时间步的数目(可选)

环境

CDO_PCTL_NBINS   设置柱状图立柱的默认数量,默认值为 101。

2.8.12 RUNSTAT-滑动统计值

语法

<操作符>,*nts* ifile ofile

描述

此模块计算在选定时间步数上的滑动统计值。根据所选操作符,将计算 ifile 中数据在所选数量连续时间步上的最小值、最大值、和、算术平均值、方差或标准差,并将结果写入 ofile,ofile 的时间戳来自于 ifile 中参与统计的有效时间步的中值。

操作符

runmin   滑动最小值

$$o(t + (nts-1)/2, x) = \min\{i(t, x), i(t+1, x), ..., i(t+nts-1, x)\}$$

runmax   滑动最大值

$$o(t + (nts-1)/2, x) = \max\{i(t, x), i(t+1, x), ..., i(t+nts-1, x)\}$$

runsum   滑动求和

$$o(t + (nts-1)/2, x) = \text{sum}\{i(t, x), i(t+1, x), ..., i(t+nts-1, x)\}$$

runmean   滑动平均值

$$o(t + (nts-1)/2, x) = \text{mean}\{i(t, x), i(t+1, x), ..., i(t+nts-1, x)\}$$

runavg   滑动算术平均值

$$o(t + (nts-1)/2, x) = \text{avg}\{i(t, x), i(t+1, x), ..., i(t+nts-1, x)\}$$

runstd   滑动标准差,除数为 n。

$$o(t + (nts-1)/2, x) = \text{std}\{i(t, x), i(t+1, x), ..., i(t+nts-1, x)\}$$

runstd1   滑动标准差,除数为(n-1)。

$$o(t + (nts-1)/2, x) = \text{std1}\{i(t, x), i(t+1, x), ..., i(t+nts-1, x)\}$$

runvar   滑动方差,除数为 n。

$$o(t + (nts-1)/2, x) = \text{var}\{i(t, x), i(t+1, x), ..., i(t+nts-1, x)\}$$

runvar1   滑动方差,除数为(n-1)。

$$o(t + (nts-1)/2, x) = \text{var1}\{i(t, x), i(t+1, x), ..., i(t+nts-1, x)\}$$

参数

nts   INTEGER   时间步数

环境

CDO_TIMESTAT_DATE   设置 ofile 的时间戳为 ifile 的"第一"、"中间"或"最后"有效时间步。

示例

计算 ifile 历经 9 个时间步的滑动平均值,运行:

```
cdo runmean,9 ifile ofile
```

2.8.13　RUNPCTL-滑动百分比值

语法

runpctl, p ,nts ifile ofile

描述

此模块计算 ifile 在选定时间步数上的滑动百分比值,ofile 的时间戳取自于 ifile 中参与统计的有效时间步的中值。

$$o(t + (nts-1)/2, x) = \text{pth percentile}\{i(t, x), i(t+1, x), ..., i(t+nts-1, x)\}$$

参数

p   FLOAT   以 0,……,100 表示的百分数

nts   INTEGER   时间步数

示例

计算 ifle 历经 9 个时间步的第 50 个位滑动百分比值(即统计中值),运行:

```
cdo runpctl,50,9 ifile ofile
```

2.8.14　TIMSTAT-遍历所有时间步的统计值

语法

<操作符> ifile ofile

描述

此模块计算 ifile 遍历所有时间步的统计值。根据所选操作符,将计算 ifile 中数据在所有时间步的最小值、最大值、和、算术平均值、方差或标准差,并将结果写入 ofile,ofile 的时间戳取自于 ifile 中参与统计的有效时间步的中值。

操作符

timmin　　　　时间最小值

$$o(1, x) = \min\{i(t', x), t_1 < t' \le t_n\}$$

timmax　　　　时间最大值

$$o(1, x) = \max\{i(t', x), t_1 < t' \le t_n\}$$

timsum　　　　时间求和

$$o(1, x) = \text{sum}\{i(t', x), t_1 < t' \le t_n\}$$

timmean　　　　时间平均值

$$o(1, x) = \text{mean}\{i(t', x), t_1 < t' \le t_n\}$$

timavg　　　　时间算术平均值

$$o(1, x) = \text{avg}\{i(t', x), t_1 < t' \le t_n\}$$

timstd　　　　时间标准差,除数为 n。

$$o(1, x) = \text{std}\{i(t', x), t_1 < t' \le t_n\}$$

timstd1　　　　时间标准差,除数为(n-1)。

$$o(1, x) = \text{std1}\{i(t', x), t_1 < t' \le t_n\}$$

timvar　　　　时间方差,除数为 n。

$$o(1, x) = \text{var}\{i(t', x), t_1 < t' \le t_n\}$$

timvar1　　　　时间方差,除数为(n-1)。

$$o(1, x) = \text{var1}\{i(t', x), t_1 < t' \le t_n\}$$

示例

计算所有时间步的平均值,运行:

```
cdo timmean ifile ofile
```

2.8.15 TIMPCTL-遍历所有时间步的百分比值

语法

timpctl, p ifile1 ifile2 ifile3 ofile

描述

此操作符计算 ifile1 遍历所有时间步的百分比值,通过 ifile2 和 ifile3 分别界定柱状图的下界和上界,。柱状图立柱的默认数量为 101 个,可通过设置环境变量 CDO_PCTL_NBINS 将默认值重写为不同的值。文件 ifile2 和 ifile3 应分别对应操作符 timmin 和 timmax 的结果。ofile 的时间戳取自于 ifile 有效时间步的中值。

$$o(1, x) = \text{pth percentile}\{i(t', x),\ t_1 < t' \le t_n\}$$

参数

p FLOAT   以 0,……,100 表示的百分数

环境

CDO_PCTL_NBINS   设置柱状图立柱的默认数量,默认值为 101。

示例

计算 ifile 遍历所有时间步的第 90 个百分比值,运行:

```
cdo timmin ifile minfile
cdo timmax ifile maxfile
cdo timpctl,90 ifile minfile maxfile ofile
```

或使用操作符连接以缩短表达:

```
cdo timpctl,90 ifile -timmin ifile -timmax ifile ofile
```

2.8.16 HOURSTAT-小时统计值

语法

＜操作符＞ ifile ofile

描述

此模块计算同小时内所有时间步上的统计值。根据所选操作符,将同小时内所有时间步上的最小值、最大值、和、算术平均、方差或标准差写入 ofile,ofile 的时间戳取自于 ifile 中参与统计的有效时间步的中值。

操作符

hourmin   小时最小值

对于同小时内的连续时间步 t_1, ..., t_n 为：

$$o(t, x) = \min\{i(t', x), t_1 < t' \le t_n\}$$

hourmax　小时最大值

对于同小时内的连续时间步 t_1, ..., t_n 为：

$$o(t, x) = \max\{i(t', x), t_1 < t' \le t_n\}$$

hoursum　小时求和

对于同小时内的连续时间步 t_1, ..., t_n 为：

$$o(t, x) = \mathrm{mum}\{i(t', x), t_1 < t' \le t_n\}$$

hourmean　小时平均值

对于同小时内的连续时间步 t_1, ..., t_n 为：

$$o(t, x) = \mathrm{mean}\{i(t', x), t_1 < t' \le t_n\}$$

houravg　小时算术平均值

对于同小时内的连续时间步 t_1, ..., t_n 为：

$$o(t, x) = \mathrm{avg}\{i(t', x), t_1 < t' \le t_n\}$$

hourstd　小时标准差，除数为 n。

对于同小时内的连续时间步 t_1, ..., t_n 为：

$$o(t, x) = \mathrm{std}\{i(t', x), t_1 < t' \le t_n\}$$

hourstd1　小时标准差，除数为（n-1）。

对于同小时内的连续时间步 t_1, ..., t_n 为：

$$o(t, x) = \mathrm{std1}\{i(t', x), t_1 < t' \le t_n\}$$

hourvar　小时方差，除数为 n。

对于同小时内的连续时间步 t_1, ..., t_n 为：

$$o(t, x) = \mathrm{var}\{i(t', x), t_1 < t' \le t_n\}$$

hourvar1　小时方差，除数为（n-1）。

对于同小时内的连续时间步 t_1, ..., t_n 为：

$$o(t, x) = \mathrm{var1}\{i(t', x), t_1 < t' \le t_n\}$$

示例

计算时间序列的小时平均值，运行：

```
cdo hourmean ifile ofile
```

2.8.17　HOURPCTL-小时百分比值

语法

hourpctl, *p* ifile1 ifile2 ifile3 ofile

描述

此操作符计算 ifile1 遍历相同小时数中的所有时间步的百分比值,通过 if-ile2 和 ifile3 分别界定柱状图的上界和下界。柱状图立柱的默认数量为 101 个,可通过设置环境变量 CDO_PCTL_NBINS 将默认值重写为不同的值。文件 if-ile2 和 ifile3 应分别对应操作符 timmin 和 timmax 的结果。ofile 的时间戳来自于 ifile1 有效时间步的中值。

相同小时内的连续时间步 $t\_1, \ldots, t\_n$ 为:

$$o(t, x) = \text{pth percentile}\{i(t', x), t_1 < t' \le t_n\}$$

参数

p　　　FLOAT　　以 0, ……, 100 表示的百分比值

环境

CDO_PCTL_NBINS　　　设置柱状图立柱的默认数量,默认值为 101。

示例

计算时间序列的第 90 个小时百分比值,运行:

```
cdo hourmin ifile minfile
cdo hourmax ifile maxfile
cdo hourpctl,90 ifile minfile maxfile ofile
```

或使用操作符连接以缩短表达:

```
cdo hourpctl,90 ifile -hourmin ifile -hourmax ifile ofile
```

2.8.18　DAYSTAT-日统计值

语法

<操作符> ifile ofile

描述

此模块计算相同天数内所有时间步上的统计值。根据所选操作符,将相同天数内所有时间步上的最小值、最大值、总和、算术平均、方差或标准差写入 ofile。ofile 的时间戳取自于 ifile 有效时间步的中值。

操作符

daymin　　　日最小值

对于同天数内的连续时间步 $t\_1, \ldots, t\_n$ 为：

$$o(t, x) = \min\{i(t', x), t_1 < t' \le t_n\}$$

daymax 日最大值

对于相同天数内的连续时间步 $t\_1, \ldots, t\_n$ 为：

$$o(t, x) = \max\{i(t', x), t_1 < t' \le t_n\}$$

daysum 日总和

对于相同天数内的时连续间步 $t\_1, \ldots, t\_n$ 为：

$$o(t, x) = \text{sum}\{i(t', x), t_1 < t' \le t_n\}$$

daymean 日平均

对于相同天数内的连续时间步 $t\_1, \ldots, t\_n$ 为：

$$o(t, x) = \text{mean}\{i(t', x), t_1 < t' \le t_n\}$$

dayavg 日算术平均值

对于相同天数内的连续时间步 $t\_1, \ldots, t\_n$ 为：

$$o(t, x) = \text{avg}\{i(t', x), t_1 < t' \le t_n\}$$

daystd 日标准差

除数为 n。对于相同天数内的连续时间步 $t\_1, \ldots, t\_n$ 为：

$$o(t, x) = \text{std}\{i(t', x), t_1 < t' \le t_n\}$$

daystd1 日标准差

除数为 (n-1)。对于相同天数内的连续时间步 $t\_1, \ldots, t\_n$ 为：

$$o(t, x) = \text{std1}\{i(t', x), t_1 < t' \le t_n\}$$

dayvar 日方差

除数为 n。对于相同天数内的连续时间步 $t\_1, \ldots, t\_n$ 为：

$$o(t, x) = \text{var}\{i(t', x), t_1 < t' \le t_n\}$$

dayvar1 日方差

除数为 (n-1)。对于相同天数内的连续时间步 $t\_1, \ldots, t\_n$ 为：

$$o(t, x) = \text{var1}\{i(t', x), t_1 < t' \le t_n\}$$

示例

计算时间序列的日平均值，运行：

```
cdo daymean ifile ofile
```

2. 8. 19 DAYPCTL-日百分比值

语法

daypctl,*p* ifile1 ifile2 ifile3 ofile

描述

此模块计算 ifile1 在相同天数的所有时间步上的百分比值,通过 ifile2 和 if-ile3 分别界定柱状图的上界和下界。柱状图立柱的默认数量为 101 个,可通过设置环境变量 CDO_PCTL_NBINS 将默认值重写为不同的值。文件 ifile2 和 ifile3 应分别对应操作符 daymin 和 daymax 的结果。ofile 的时间戳取自于 ifile1 有效时间步的中值。

对于相同天数内的连续时间步 t_1,..., t_n 为:

$$o(t, x) = \text{pth percentile}\{i(t', x),\ t_1 < t' \le t_n\}$$

参数

p   FLOAT   以 0,……,100 表示的百分数

环境

CDO_PCTL_NBINS   设置柱状图立柱的默认数量,默认值为 101。

示例

计算时间序列的第 90 个日百分位数,运行:

```
cdo daymin ifile minfile
cdo daymax ifile maxfile
cdo daypctl,90 ifile minfile maxfile ofile
```

或使用操作符连接以缩短表达:

```
cdo daypctl,90 ifile -daymin ifile -daymax ifile ofile
```

2. 8. 20 MONSTAT-月统计值

语法

<操作符> ifile ofile

描述

此模块计算相同月份内所有时间步上的统计值。根据所选操作符,将相同月份内所有时间步上的最小值、最大值、总和、算术平均、方差或标准差写入 ofile。ofile 的时间戳来自于 ifile 有效时间步的中值。

操作符

monmin   每月最小值

对于相同月份内的连续时间步 t_1, ..., t_n 为：

$$o(t, x) = \min\{i(t', x), t_1 < t' \le t_n\}$$

monmax　　每月最大值

对于相同月份内的连续时间步 t_1, ..., t_n 为：

$$o(t, x) = \max\{i(t', x), t_1 < t' \le t_n\}$$

monsum　　每月总和

对于相同月份内的连续时间步 t_1, ..., t_n 为：

$$o(t, x) = \text{sum}\{i(t', x), t_1 < t' \le t_n\}$$

monmean　　每月平均

对于相同月份内的连续时间步 t_1, ..., t_n 为：

$$o(t, x) = \text{mean}\{i(t', x), t_1 < t' \le t_n\}$$

monavg　　每月算术平均

对于相同月份内的连续时间步 t_1, ..., t_n 为：

$$o(t, x) = \text{avg}\{i(t', x), t_1 < t' \le t_n\}$$

monstd　　每月标准差

除数为 n。对于相同月份内的连续时间步 t_1, ..., t_n 为：

$$o(t, x) = \text{std}\{i(t', x), t_1 < t' \le t_n\}$$

monstd1　　每月标准差

除数为(n-1)。对于相同月份内的连续时间步 t_1, ..., t_n 为：

$$o(t, x) = \text{std1}\{i(t', x), t_1 < t' \le t_n\}$$

monvar　　每月方差

除数为 n。对于相同月份内的连续时间步 t_1, ..., t_n 为：

$$o(t, x) = \text{var}\{i(t', x), t_1 < t' \le t_n\}$$

monvar1　　每月方差

除数为(n-1)。对于相同月份内的连续时间步 t_1, ..., t_n 为：

$$o(t, x) = \text{var1}\{i(t', x), t_1 < t' \le t_n\}$$

示例

计算时间序列的月平均值，运行：

```
cdo monmean ifile ofile
```

2.8.21 MONPCTL-月百分比值

语法

monpctl,*p* ifile1 ifile2 ifile3 ofile

描述

此操作符计算 ifile1 相同月份内所有时间步的百分比值,通过 ifile2 和 ifile3 分别界定柱状图的下界和上界。柱状图立柱的默认数量为 101 个,可通过设置环境变量 CDO_PCTL_NBINS 将默认值重写为不同的值。文件 ifile2 和 ifile3 应分别对应操作符 monmin 和 monmax 的结果。ofile 的时间戳取自于 ifile1 有效时间步的中值。

对于相同月份内的连续时间步 t_1,..., t_n 为:

$$o(t, x) = \text{pth percentile}\{i(t', x),\ t_1 < t' \le t_n\}$$

参数

p　　　FLOAT　　以 0,……,100 表示的百分比值

环境

CDO_PCTL_NBINS　　设置柱状图立柱的默认数量,默认值为 101。

示例

计算时间序列的第个 90 月百分比值,运行:

```
cdo monmin ifile minfile
cdo monmax ifile maxfile
cdo monpctl,90 ifile minfile maxfile ofile
```

或使用操作符连接以缩短表达:

```
cdo monpctl,90 ifile -monmin ifile -monmax ifile ofile
```

2.8.22 YEARMONSTAT-逐月数据的年平均

语法

yearmonmean ifile ofile

描述

此模块计算逐月时间序列的年平均,每月以当月天数为权重进行加权。ofile 的时间戳取自于 ifile 有效时间步的中值。

对于相同年份的连续时间步 $t_1,..., t_n$ 为:

$$o(t,\ x) = \text{mean}\{i(t',\ x),\ t_1 < t' \leq t_n\}$$

环境

CDO_TIMESTAT_DATE 设置 ofile 的时间戳为 ifile 的"第一""中间"或"最后"有效时间步。

示例

计算逐月时间序列的年平均,运行:

```
cdo yearmonmean ifile ofile
```

2.8.23 YEARSTAT-年统计值

语法

<操作符> ifile ofile

描述

此模块计算相同年份内的连续时间步长的统计值。根据所选操作符,将相同年份内所有时间步上的最小值、最大值、总和、算术平均、方差或标准差写入 ofile。ofile 的时间戳取自于 ifile 有效时间步的中值。

操作符

yearmin   年度最小值

对于相同年份内的连续时间步 t_1,…, t_n 为:

$$o(t,\ x) = \min\{i(t',\ x),\ t_1 < t' \leq t_n\}$$

yearmax   年度最大值

对于相同年份内的连续时间步 t_1,…, t_n 为:

$$o(t,\ x) = \max\{i(t',\ x),\ t_1 < t' \leq t_n\}$$

yearsum   年度总和

对于相同年份内的连续时间步 t_1,…, t_n 为:

$$o(t,\ x) = \text{sum}\{i(t',\ x),\ t_1 < t' \leq t_n\}$$

yearmean   年度平均值

对于相同年份内的连续时间步 t_1,…, t_n 为:

$$o(t,\ x) = \text{mean}\{i(t',\ x),\ t_1 < t' \leq t_n\}$$

yearavg   年度算术平均值

对于相同年份内的连续时间步 t_1,…, t_n 为:

$$o(t,\ x) = \text{avg}\{i(t',\ x),\ t_1 < t' \leq t_n\}$$

yearstd   年度标准差

除数为 n。对于相同年份内的连续时间步 t_1，…，t_n 为：

$$o(t, x) = \text{std}\{i(t', x),\ t_1 < t' \le t_n\}$$

yearstd1   年度标准差

除数为（n-1）。对于相同年份内的连续时间步 t_1，…，t_n 为：

$$o(t, x) = \text{std1}\{i(t', x),\ t_1 < t' \le t_n\}$$

yearvar   年份方差

除数为 n。对于相同年份内的连续时间步 t_1，…，t_n 为：

$$o(t, x) = \text{var}\{i(t', x),\ t_1 < t' \le t_n\}$$

yearvar1   年度方差

除数为（n-1）。对于相同年份内的连续时间步 t_1，…，t_n 为：

$$o(t, x) = \text{var1}\{i(t', x),\ t_1 < t' \le t_n\}$$

注意

操作符 yearmean 和 yearavg 仅计算算术平均！

示例

计算时间序列的年平均，运行：

```
cdo yearmean ifile ofile
```

从正确的加权逐月平均计算年平均，运行：

```
cdo yearmonmean ifile ofile
```

2.8.24   YEARPCTL-年百分比值

语法

yearpctl,*p* ifile1 ifile2 ifile3 ofile

描述

此操作符计算 ifile1 同年份的所有时间步的百分比值，通过 ifile2 和 ifile3 分别界定柱状图的下界和上界。柱状图立柱的默认数量为 101 个，可通过设置环境变量 CDO_PCTL_NBINS 将默认值重写为不同的值。文件 ifile2 和 ifile3 应分别对应操作符 yearmin 和 yearmax 的结果。ofile 的时间戳取自于 ifile1 的效时间步的中值。

对于相同年份内的连续时间步 t_1, ..., t_n 为：

$$o(t, x) = \text{pth percentile}\{i(t', x), t_1 < t' \leq t_n\}$$

参数

p FLOAT   以 0, ..., 100 表示的百分比值

环境

CDO_PCTL_NBINS   设置柱状图立柱的默认数量，默认值为 101。

示例

计算时间序列的第 90 个年百分比值，运行：

```
cdo yearmin ifile minfile
cdo yearmax ifile maxfile
cdo yearpctl,90 ifile minfile maxfile ofile
```

或使用操作符连接以缩短表达：

```
cdo yearpctl,90 ifile -yearmin ifile -yearmax ifile ofile
```

2.8.25 SEASSTAT-季节统计值

语法

<操作符> ifile ofile

描述

此模块计算同季节内的连续时间步的统计值。根据所选操作符，将相同季节内所有时间步上的最小值、最大值、总和、算术平均值、方差或标准偏差写入 ofile。ofile 的时间戳取自 ifile 有效时间步的中值。注意第一和最后的输出时间步，如果季节时间步不完整，则它们可能是错误的。

操作符

seasmin   季节最小值

对于相同季节数内的连续时间步 t_1, ..., t_n 为：

$$o(t, x) = \min\{i(t', x), t_1 < t' \leq t_n\}$$

seasmax   季节最大值

对于相同季节数内的连续时间步 t_1, ..., t_n 为：

$$o(t, x) = \max\{i(t', x), t_1 < t' \leq t_n\}$$

seassum   季节总和

对于相同季节数内的连续时间步 t_1, ..., t_n 为：

$$o(t, x) = \text{sum}\{i(t', x), t_1 < t' \leq t_n\}$$

seasmean   季节平均值

对于相同季节数内的连续时间步 t_1, ... , t_n 为：

$$o(t, x) = \text{mean}\{i(t', x), t_1 < t' \le t_n\}$$

seasavg   季节算术平均值

对于相同季节数内的连续时间步 t_1, ... , t_n 为：

$$o(t, x) = \text{avg}\{i(t', x), t_1 < t' \le t_n\}$$

seasstd   季节标准差

除数为 n。对于相同季节数内的连续时间步 t_1, ... , t_n 为：

$$o(t, x) = \text{std}\{i(t', x), t_1 < t' \le t_n\}$$

seasstd1   季节标准差

除数为(n-1)。对于相同季节数内的连续时间步 t_1, ... , t_n 为：

$$o(t, x) = \text{std1}\{i(t', x), t_1 < t' \le t_n\}$$

seasvar   季节方差

除数为 n。对于相同季节数内的连续时间步 t_1, ... , t_n 为：

$$o(t, x) = \text{var}\{i(t', x), t_1 < t' \le t_n\}$$

seasvar1   季节方差

除数为(n-1)。对于相同季节数内的连续时间步 t_1, ... , t_n 为：

$$o(t, x) = \text{var1}\{i(t', x), t_1 < t' \le t_n\}$$

示例

计算时间序列的季节均值，运行：

```
cdo seasmean ifile ofile
```

2.8.26 SEASPCTL-季节百分比值

语法

seaspctl,p ifile1 ifile2 ifile3 ofile

描述

此操作符计算 ifile1 的同季节内所有时间步的百分比值通过 ifile2 和 ifile3 分别界定柱状图的下界和上界。柱状图立柱的默认数量为 101 个，可通过设置环境变量 CDO_PCTL_NBINS 将默认值重写为不同的值。文件 ifile2 和 ifile3

应分别对应操作符 seasmin 和 seasmax 的结果。ofile 的时间戳取自于 ifile1 有效时间步的中值。注意第一和最后的输出时间步,如果季节时间步不完整,则它们可能是错误的。。

对于相同季节数内的连续时间步 t_1, ... , t_n 为:

$$o(t, x) = \text{pth percentile}\{i(t', x), t_1 < t' \leq t_n\}$$

参数

p　　FLOAT　　　　以 0,……,100 表示的百分比值

环境

CDO_PCTL_NBINS　　设置柱状图立柱的默认数量,默认值为 101。

示例

计算时间序列的第 90 个季节百分比值,运行:

```
cdo seasmin ifile minfile
cdo seasmax ifile maxfile
cdo seaspctl,90 ifile minfile maxfile ofile
```

或使用操作符连接以缩短表达:

```
cdo seaspctl,90 ifile -seasmin ifile -seasmax ifile ofile
```

2. 8. 27　YHOURSTAT-多年小时统计值

语法

<操作符> ifile ofile

描述

此模块计算年份中每小时和每天的统计值。根据所选操作符,将 ifile 中年份里每小时和每天的最小值、最大值、总和、算术平均值、方差或标准差写入 ofile。输出字段的日期信息是最后有效输入字段的日期。

操作符

yhourmin　　多年小时最小值

$$o(0001, x) = \min\{i(t, x), \text{day}(i(t)) = 0001\}$$
$$\vdots$$
$$o(8784, x) = \min\{i(t, x), \text{day}(i(t)) = 8784\}$$

yhourmax　　多年小时最大值

$$o(0001, x) = \max\{i(t, x), \text{day}(i(t)) = 0001\}$$
$$\vdots$$
$$o(8784, x) = \max\{i(t, x), \text{day}(i(t)) = 8784\}$$

yhoursum   多年小时总和

$$o(0001, x) = \text{sum}\{i(t, x), \text{day}(i(t)) = 0001\}$$
$$\vdots$$
$$o(8784, x) = \text{sum}\{i(t, x), \text{day}(i(t)) = 8784\}$$

yhourmean   多年小时平均值

$$o(0001, x) = \text{mean}\{i(t, x), \text{day}(i(t)) = 0001\}$$
$$\vdots$$
$$o(8784, x) = \text{mean}\{i(t, x), \text{day}(i(t)) = 8784\}$$

yhouravg   多年小时算术平均值

$$o(0001, x) = \text{avg}\{i(t, x), \text{day}(i(t)) = 0001\}$$
$$\vdots$$
$$o(8784, x) = \text{avg}\{i(t, x), \text{day}(i(t)) = 8784\}$$

yhourstd   多年小时标准差
除数为 n。

$$o(0001, x) = \text{std}\{i(t, x), \text{day}(i(t)) = 0001\}$$
$$\vdots$$
$$o(8784, x) = \text{std}\{i(t, x), \text{day}(i(t)) = 8784\}$$

yhourstd1   多年小时标准差
除数为（n-1）。

$$o(0001, x) = \text{std1}\{i(t, x), \text{day}(i(t)) = 0001\}$$
$$\vdots$$
$$o(8784, x) = \text{std1}\{i(t, x), \text{day}(i(t)) = 8784\}$$

yhourvar   多年小时方差
除数为 n。

$$o(0001, x) = \text{var}\{i(t, x), \text{day}(i(t)) = 0001\}$$
$$\vdots$$
$$o(8784, x) = \text{var}\{i(t, x), \text{day}(i(t)) = 8784\}$$

yhourvar1   多年小时方差
除数为（n-1）。

$$o(0001, x) = \text{var}1\{i(t, x), \text{day}(i(t)) = 0001\}$$

$$\vdots$$

$$o(8784, x) = \text{var}1\{i(t, x), \text{day}(i(t)) = 8784\}$$

2.8.28 YDAYSTAT-多年日统计值

语法

＜操作符＞ ifile ofile

描述

此模块计算年份中每天的统计值。根据所选操作符，将 ifile 中年份里每天的最小值、最大值、总和、算术平均值、方差或标准差写入 ofile。输出字段的日期信息是最后有效输入字段的日期。

操作符

ydaymin 多年日最小值

$$o(001, x) = \min\{i(t, x), \text{day}(i(t)) = 001\}$$

$$\vdots$$

$$o(366, x) = \min\{i(t, x), \text{day}(i(t)) = 366\}$$

ydaymax 多年日最大值

$$o(001, x) = \max\{i(t, x), \text{day}(i(t)) = 001\}$$

$$\vdots$$

$$o(366, x) = \max\{i(t, x), \text{day}(i(t)) = 366\}$$

ydaysum 多年日总和

$$o(001, x) = \text{sum}\{i(t, x), \text{day}(i(t)) = 001\}$$

$$\vdots$$

$$o(366, x) = \text{sum}\{i(t, x), \text{day}(i(t)) = 366\}$$

ydaymean 多年日均值

$$o(001, x) = \text{mean}\{i(t, x), \text{day}(i(t)) = 001\}$$

$$\vdots$$

$$o(366, x) = \text{mean}\{i(t, x), \text{day}(i(t)) = 366\}$$

ydayavg 多年日算术平均值

$$o(001, x) = \mathrm{avg}\{i(t, x), \mathrm{day}(i(t)) = 001\}$$
$$\vdots$$
$$o(366, x) = \mathrm{avg}\{i(t, x), \mathrm{day}(i(t)) = 366\}$$

ydaystd　多年日标准差
除数为 n。
$$o(001, x) = \mathrm{std}\{i(t, x), \mathrm{day}(i(t)) = 001\}$$
$$\vdots$$
$$o(366, x) = \mathrm{std}\{i(t, x), \mathrm{day}(i(t)) = 366\}$$

ydaystd1　多年日标准差
除数为（n-1）。
$$o(001, x) = \mathrm{std1}\{i(t, x), \mathrm{day}(i(t)) = 001\}$$
$$\vdots$$
$$o(366, x) = \mathrm{std1}\{i(t, x), \mathrm{day}(i(t)) = 366\}$$

ydayvar　多年日方差
除数为 n。
$$o(001, x) = \mathrm{var}\{i(t, x), \mathrm{day}(i(t)) = 001\}$$
$$\vdots$$
$$o(366, x) = \mathrm{var}\{i(t, x), \mathrm{day}(i(t)) = 366\}$$

ydayvar1　多年日方差
除数为（n-1）。
$$o(001, x) = \mathrm{var1}\{i(t, x), \mathrm{day}(i(t)) = 001\}$$
$$\vdots$$
$$o(366, x) = \mathrm{var1}\{i(t, x), \mathrm{day}(i(t)) = 366\}$$

示例
计算所有输入年份的日平均值，运行：

```
cdo ydaymean ifile ofile
```

2.8.29　YDAYPCTL-多年日百分比值

语法

ydaypctl,p ifile1 ifile2 ifile3 ofile

描述

此操作符将 ifile1 中年份的日百分位数写入 ofile,通过 ifile2 和 ifile3 分别界定柱状图的上界和下界。柱状图立柱的默认数量为 101 个,可通过设置环境变量 CDO_PCTL_NBINS 将默认值重写为不同的值。文件 ifile2 和 ifile3 应分别对应操作符 ydaymin 和 ydaymax 的结果。输出字段的日期信息是最后有效输入字段的日期。

$$o(001, x) = \text{pth percentile}\{i(t, x), \text{day}(i(t)) = 001\}$$
$$\vdots$$
$$o(366, x) = \text{pth percentile}\{i(t, x), \text{day}(i(t)) = 366\}$$

参数

p FLOAT   以 $0, \cdots\cdots, 100$ 表示的百分比值

环境

CDO_PCTL_NBINS   设置柱状图立柱的默认数量,默认值为 101。

示例

计算所有输入年份的第 90 个日百分比值,运行:

```
cdo ydaymin ifile minfile
cdo ydaymax ifile maxfile
cdo ydaypctl,90 ifile minfile maxfile ofile
```

或使用操作符连接以缩短表达:

```
cdo ydaypctl,90 ifile -ydaymin ifile -ydaymax ifile ofile
```

2.8.30 YMONSTAT-多年月统计值

语法

<操作符> ifile ofile

描述

此模块计算年份的逐月统计值。根据所选操作符,将 ifile 中年份里每一年内所有时间步的最小值、最大值、总和、算术平均值、方差或标准差写入 ofile。输出字段的日期信息是最后有效输入字段的日期。

操作符

ymonmin   多年月最小值

$$o(01, x) = \min\{i(t, x), \text{month}(i(t)) = 01\}$$
$$\vdots$$
$$o(12, x) = \min\{i(t, x), \text{month}(i(t)) = 12\}$$

ymonmax   多年月最大值

$$o(01, x) = \max\{i(t, x), \text{month}(i(t)) = 01\}$$
$$\vdots$$
$$o(12, x) = \max\{i(t, x), \text{month}(i(t)) = 12\}$$

ymonsum   多年月总和

$$o(01, x) = \text{sum}\{i(t, x), \text{month}(i(t)) = 01\}$$
$$\vdots$$
$$o(12, x) = \text{sum}\{i(t, x), \text{month}(i(t)) = 12\}$$

ymonmean   多年月平均值

$$o(01, x) = \text{mean}\{i(t, x), \text{month}(i(t)) = 01\}$$
$$\vdots$$
$$o(12, x) = \text{mean}\{i(t, x), \text{month}(i(t)) = 12\}$$

ymonavg   多年月算术平均值

$$o(01, x) = \text{avg}\{i(t, x), \text{month}(i(t)) = 01\}$$
$$\vdots$$
$$o(12, x) = \text{avg}\{i(t, x), \text{month}(i(t)) = 12\}$$

ymonstd   多年月标准差

除数为 n。

$$o(01, x) = \text{std}\{i(t, x), \text{month}(i(t)) = 01\}$$
$$\vdots$$
$$o(12, x) = \text{std}\{i(t, x), \text{month}(i(t)) = 12\}$$

ymonstd1   多年月标准差

除数为 (n-1)。

$$o(01, x) = \text{std1}\{i(t, x), \text{month}(i(t)) = 01\}$$
$$\vdots$$
$$o(12, x) = \text{std1}\{i(t, x), \text{month}(i(t)) = 12\}$$

ymonvar   多年月方差

除数为 n。

$$o(01, x) = \text{var}\{i(t, x), \text{month}(i(t)) = 01\}$$

$$\vdots$$

$$o(12, x) = \text{var}\{i(t, x), \text{month}(i(t)) = 12\}$$

ymonvar1   多年月方差

除数为(n-1)。

$$o(01, x) = \text{var1}\{i(t, x), \text{month}(i(t)) = 01\}$$

$$\vdots$$

$$o(12, x) = \text{var1}\{i(t, x), \text{month}(i(t)) = 12\}$$

示例

计算所有输入年份的月平均值,运行:

```
cdo ymonmean ifile ofile
```

2.8.31 YMONPCTL-多年月百分比值

语法

ymonpctl, p ifile1 ifile2 ifile3 ofile

描述

此操作符将 ifile1 中年份的逐月百分比值写入 ofile,通过 ifile2 和 ifile3 分别界定柱状图的上界和下界。柱状图立柱的默认数量为 101 个,可通过设置环境变量 CDO_PCTL_NBINS 将默认值重写为不同的值。文件 ifile2 和 ifile3 应分别对应操作符 ymonmin 和 ymonmax 的结果。输出字段的日期信息是最后有效输入字段的日期。

$$o(01, x) = \text{pth percentile}\{i(t, x), \text{month}(i(t)) = 01\}$$

$$\vdots$$

$$o(12, x) = \text{pth percentile}\{i(t, x), \text{month}(i(t)) = 12\}$$

参数

p FLOAT   以 0,……,100 表示的百分比值

环境

CDO_PCTL_NBINS   设置柱状图立柱的默认数量,默认值为 101。

示例

计算所有输入年份的第 90 个月百分比值,运行:

```
cdo ymonmin ifile minfile
cdo ymonmax ifile maxfile
cdo ymonpctl,90 ifile minfile maxfile ofile
```

或使用操作符连接以缩短表达：

```
cdo ymonpctl,90 ifile -ymonmin ifile -ymonmax ifile ofile
```

2.8.32　YSEASSTAT-多年季节统计值

语法

＜操作符＞ ifile ofile

描述

此模块计算每一季的统计值。根据所选操作符，将 ifile 中年份里每一季中所有时间步的最小值、最大值、总和、算术平均值、方差或标准差写入 ofile。输出字段的日期信息是最后有效输入字段的日期。

操作符

Yseasmin　　　多年季节最小值

$$o(1, x) = \min\{i(t, x), \mathrm{month}(i(t)) = 12, 01, 02\}$$

$$o(2, x) = \min\{i(t, x), \mathrm{month}(i(t)) = 03, 04, 05\}$$

$$o(3, x) = \min\{i(t, x), \mathrm{month}(i(t)) = 06, 07, 08\}$$

$$o(4, x) = \min\{i(t, x), \mathrm{month}(i(t)) = 09, 10, 11\}$$

yseasmax　　　多年季节最大值

$$o(1, x) = \max\{i(t, x), \mathrm{month}(i(t)) = 12, 01, 02\}$$

$$o(2, x) = \max\{i(t, x), \mathrm{month}(i(t)) = 03, 04, 05\}$$

$$o(3, x) = \max\{i(t, x), \mathrm{month}(i(t)) = 06, 07, 08\}$$

$$o(4, x) = \max\{i(t, x), \mathrm{month}(i(t)) = 09, 10, 11\}$$

yseassum　　　多年季节总和

$$o(1, x) = \mathrm{sum}\{i(t, x), \mathrm{month}(i(t)) = 12, 01, 02\}$$

$$o(2, x) = \mathrm{sum}\{i(t, x), \mathrm{month}(i(t)) = 03, 04, 05\}$$

$$o(3, x) = \mathrm{sum}\{i(t, x), \mathrm{month}(i(t)) = 06, 07, 08\}$$

$$o(4, x) = \mathrm{sum}\{i(t, x), \mathrm{month}(i(t)) = 09, 10, 11\}$$

yseasmean　　　多年季节平均值

$$o(1, x) = \mathrm{mean}\{i(t, x), \mathrm{month}(i(t)) = 12, 01, 02\}$$

$$o(2, x) = \mathrm{mean}\{i(t, x), \mathrm{month}(i(t)) = 03, 04, 05\}$$

$$o(3, x) = \mathrm{mean}\{i(t, x), \mathrm{month}(i(t)) = 06, 07, 08\}$$

$$o(4, x) = \mathrm{mean}\{i(t, x), \mathrm{month}(i(t)) = 09, 10, 11\}$$

yseasavg   多年季节算术平均值

$$o(1, x) = \text{avg}\{i(t, x), \text{month}(i(t)) = 12,\ 01,\ 02\}$$
$$o(2, x) = \text{avg}\{i(t, x), \text{month}(i(t)) = 03,\ 04,\ 05\}$$
$$o(3, x) = \text{avg}\{i(t, x), \text{month}(i(t)) = 06,\ 07,\ 08\}$$
$$o(4, x) = \text{avg}\{i(t, x), \text{month}(i(t)) = 09,\ 10,\ 11\}$$

yseasstd   多年季节标准差

$$o(1, x) = \text{std}\{i(t, x), \text{month}(i(t)) = 12,\ 01,\ 02\}$$
$$o(2, x) = \text{std}\{i(t, x), \text{month}(i(t)) = 03,\ 04,\ 05\}$$
$$o(3, x) = \text{std}\{i(t, x), \text{month}(i(t)) = 06,\ 07,\ 08\}$$
$$o(4, x) = \text{std}\{i(t, x), \text{month}(i(t)) = 09,\ 10,\ 11\}$$

yseasstd1   多年季节标准差

$$o(1, x) = \text{std1}\{i(t, x), \text{month}(i(t)) = 12,\ 01,\ 02\}$$
$$o(2, x) = \text{std1}\{i(t, x), \text{month}(i(t)) = 03,\ 04,\ 05\}$$
$$o(3, x) = \text{std1}\{i(t, x), \text{month}(i(t)) = 06,\ 07,\ 08\}$$
$$o(4, x) = \text{std1}\{i(t, x), \text{month}(i(t)) = 09,\ 10,\ 11\}$$

yseasvar   多年季节方差

$$o(1, x) = \text{var}\{i(t, x), \text{month}(i(t)) = 12,\ 01,\ 02\}$$
$$o(2, x) = \text{var}\{i(t, x), \text{month}(i(t)) = 03,\ 04,\ 05\}$$
$$o(3, x) = \text{var}\{i(t, x), \text{month}(i(t)) = 06,\ 07,\ 08\}$$
$$o(4, x) = \text{var}\{i(t, x), \text{month}(i(t)) = 09,\ 10,\ 11\}$$

yseasvar1   多年季节方差

$$o(1, x) = \text{var1}\{i(t, x), \text{month}(i(t)) = 12,\ 01,\ 02\}$$
$$o(2, x) = \text{var1}\{i(t, x), \text{month}(i(t)) = 03,\ 04,\ 05\}$$
$$o(3, x) = \text{var1}\{i(t, x), \text{month}(i(t)) = 06,\ 07,\ 08\}$$
$$o(4, x) = \text{var1}\{i(t, x), \text{month}(i(t)) = 09,\ 10,\ 11\}$$

示例

计算所有输入年份的季节值,运行:

```
cdo yseasmean ifile ofile
```

2.8.33 YSEASPCTL-多年季节百分比值

语法

yseaspctl,*p* ifile1 ifile2 ifile3 ofile

描述

此操作符将 ifile1 的每一季节的百分比值写入 ofile,通过 ifile2 和 ifile3 分别界定柱状图的上界和下界。柱状图立柱的默认数量为 101 个,可通过设置环境变量 CDO_PCTL_NBINS 将默认值重写为不同的值。文件 ifile2 和 ifile3 应分别对应操作符 yseasmin 和 yseasmax 的结果。输出字段的日期信息是最后有效输入字段的日期。

$$o(1, x) = \text{pth percentile}\{i(t, x), \text{month}(i(t)) = 12, 01, 02\}$$

$$o(2, x) = \text{pth percentile}\{i(t, x), \text{month}(i(t)) = 03, 04, 05\}$$

$$o(3, x) = \text{pth percentile}\{i(t, x), \text{month}(i(t)) = 06, 07, 08\}$$

$$o(4, x) = \text{pth percentile}\{i(t, x), \text{month}(i(t)) = 09, 10, 11\}$$

参数

p　　　FLOAT　　　以 0,……,100 表示的百分比值

环境

CDO_PCTL_NBINS　　　设置柱状图立柱的默认数量,默认值为 101。

示例

计算所有输入年份的第 90 个季节百分比值,运行:

```
cdo yseasmin ifile minfile
cdo yseasmax ifile maxfile
cdo yseaspctl,90 ifile minfile maxfile ofile
```

或使用操作符连接以缩短表达:

```
cdo yseaspctl,90 ifile -yseasmin ifile -yseasmax ifile ofile
```

2.8.34 YDRUNSTAT-多年日滑动统计值

语法

<operator>,nts ifile ofile

描述

此模块将 ifile 中的年份的日滑动统计值写入 ofile。根据所选操作符,计算滑动窗口中对应于某一年某一天的所有时间步长的最小值、最大值、总和、算术平均值、方差或标准差。输出字段的日期信息是最后有效滑动窗口的中间时间

步的日期。注意,操作符必须应用于日常测量的连续时间序列才能产生有实际意义的结果。还要注意,输出时间序列在输入时间序列的第一个时间步长之后开始(nt-1)/2个时间步长,在最后一个时间步长之前结束(nt-1)/2个时间步长。对于完整但不连续的输入数据,例如不同年份里相同月份或季节的日常测量时间序列,只有输入时间序列包括在收益期间前后的(nts-1)/2天,操作符才会产生有实际意义的结果。

操作符

ydrunmin　　　多年日滑动最小值

$$o(001, x) = \min\{i(t, x), i(t+1, x), ..., i(t+nts-1, x); \text{day}[(i(t+(nts-1)/2)] = 001\}$$
$$\vdots$$
$$o(366, x) = \min\{i(t, x), i(t+1, x), ..., i(t+nts-1, x); \text{day}[(i(t+(nts-1)/2)] = 366\}$$

ydrunmax　　　多年日滑动最大值

$$o(001, x) = \max\{i(t, x), i(t+1, x), ..., i(t+nts-1, x); \text{day}[(i(t+(nts-1)/2)] = 001\}$$
$$\vdots$$
$$o(366, x) = \max\{i(t, x), i(t+1, x), ..., i(t+nts-1, x); \text{day}[(i(t+(nts-1)/2)] = 366\}$$

ydrunsum　　　多年日滑动求和

$$o(001, x) = \text{sum}\{i(t, x), i(t+1, x), ..., i(t+nts-1, x); \text{day}[(i(t+(nts-1)/2)] = 001\}$$
$$\vdots$$
$$o(366, x) = \text{sum}\{i(t, x), i(t+1, x), ..., i(t+nts-1, x); \text{day}[(i(t+(nts-1)/2)] = 366\}$$

ydrunmean　　　多年日滑动平均值

$$o(001, x) = \text{mean}\{i(t, x), i(t+1, x), ..., i(t+nts-1, x); \text{day}[(i(t+(nts-1)/2)] = 001\}$$
$$\vdots$$
$$o(366, x) = \text{mean}\{i(t, x), i(t+1, x), ..., i(t+nts-1, x); \text{day}[(i(t+(nts-1)/2)] = 366\}$$

ydrunavg　　　多年日滑动算术平均值

$$o(001, x) = \text{avg}\{i(t, x), i(t+1, x), ..., i(t+nts-1, x); \text{day}[(i(t+(nts-1)/2)] = 001\}$$
$$\vdots$$
$$o(366, x) = \text{avg}\{i(t, x), i(t+1, x), ..., i(t+nts-1, x); \text{day}[(i(t+(nts-1)/2)] = 366\}$$

ydrunstd　　　多年日滑动标准差
　　　　　　　除数为 n。

$$o(001, x) = \text{std}\{i(t, x), i(t+1, x), ..., i(t+nts-1, x); \text{day}[(i(t+(nts-1)/2)] = 001\}$$
$$\vdots$$
$$o(366, x) = \text{std}\{i(t, x), i(t+1, x), ..., i(t+nts-1, x); \text{day}[(i(t+(nts-1)/2)] = 366\}$$

ydrunstd1　　　多年日滑动标准差
　　　　　　　除数为(n-1)。

$o(001, x) = \text{std1}\{i(t, x), i(t + 1, x), ..., i(t + nts - 1, x); \text{day}[(i(t + (nts - 1)/2)] = 001\}$

$\vdots$

$o(366, x) = \text{std1}\{i(t, x), i(t + 1, x), ..., i(t + nts - 1, x); \text{day}[(i(t + (nts - 1)/2)] = 366\}$

ydrunvar   多年日滑动方差

除数为 n。

$o(001, x) = \text{var}\{i(t, x), i(t + 1, x), ..., i(t + nts - 1, x); \text{day}[(i(t + (nts - 1)/2)] = 001\}$

$\vdots$

$o(366, x) = \text{var}\{i(t, x), i(t + 1, x), ..., i(t + nts - 1, x); \text{day}[(i(t + (nts - 1)/2)] = 366\}$

ydrunvar1   多年日滑动方差

除数为(n-1)。

$o(001, x) = \text{var1}\{i(t, x), i(t + 1, x), ..., i(t + nts - 1, x); \text{day}[(i(t + (nts - 1)/2)] = 001\}$

$\vdots$

$o(366, x) = \text{var1}\{i(t, x), i(t + 1, x), ..., i(t + nts - 1, x); \text{day}[(i(t + (nts - 1)/2)] = 366\}$

参数

nts INTEGER   时间步数目

示例

假设输入数据提供日常测量的连续时间序列。计算 5 天的滑动窗口的所有输入时间步的多年日平均值,运行:

```
cdo ydrunmean,5 ifile ofile
```

注意,除了标准差,此模块操作符的结果等于 YDAYSTAT 和 RUNSTAT 模块相应操作符的构成。例如,与上述命令生成相同结果的命令为:

```
cdo ydaymean -runmean,5 ifile ofile
```

2.8.35　YDRUNPCTL-多年日滑动百分比值

语法

ydrunpctl,p,nts ifile1 ifile2 ifile3 ofile

描述

此操作符将 ifile1 中日滑动百分比值写入 ofile。滑动窗口的所有时间步长对应于一年中的某一天,可计算出一个特定的百分比,同时通过 ifile2 和 ifile3 分别界定柱状图的上界和下界。柱状图立柱的默认数量为 101 个,可通过设置环境变量 CDO_PCTL_NBINS 将默认值重写为不同的值。文件 ifile2 和 ifile3 应分别对应操作符 ydrunmin 和 ydrunmax 的结果。输出字段的日期信息是最后有效滑动窗口的中间时间步的日期。注意,操作符必须应用于日常测量的连续时间序列才能产生有实际意义的结果。还要注意,输出时间序列在输入时间序列的第一个时间步长之后开始$(nt-1)/2$个时间步长,在最后一个时间步长之前结束$(nt-1)/2$个时间步长。对于完整但不连续的输入数据,例如,不同年份中相同月份或季节的日常测量时间序列,只有输入时间序列包含收益期间前后的$(nts-1)/2$天,操作符才会产生有实际意义的结果。

$$o(001, x) = \text{pth percentile}\{i(t, x), i(t+1, x), ..., i(t+nts-1, x); \text{day}[(i(t+(nts-1)/2)] = 001\}$$
$$\vdots$$
$$o(366, x) = \text{pth percentile}\{i(t, x), i(t+1, x), ..., i(t+nts-1, x); \text{day}[(i(t+(nts-1)/2)] = 366\}$$

参数

p	FLOAT	以 0,……,100 表示的百分比值
nts	INTEGER	时间步数目

环境

CDO_PCTL_NBINS   设置柱状图立柱的默认数量,默认值为 101。

示例

假设输入数据提供日常测量的连续时间序列。计算 5 天的滑动窗口的所有输入时间步的第 90 个多年日滑动百分比,运行:

```
cdo ydrunmin,5 ifile minfile
cdo ydrunmax,5 ifile maxfile
cdo ydrunpctl,90,5 ifile minfile maxfile ofile
```

或使用操作符连接以缩短表达:

```
cdo ydrunpctl,90,5 ifile -ydrunmin ifile -ydrunmax ifile ofile
```

2.9 相关和协方差

本节包含求空间和时间相关及协方差的模块,用到下表中的缩略词:

Covariance covar	$n^{-1} \sum_{i=1}^{n} (x_i - \bar{x})^2 (y_i - \bar{y})^2$
Covar weighted by $\{\omega_i, i = 1, \ldots, n\}$	$\left(\sum_{j=1}^{n} w_j\right)^{-1} \sum_{i=1}^{n} w_i \left(x_i - \left(\sum_{j=1}^{n} w_j\right)^{-1} \sum_{j=1}^{n} w_j x_j\right) \left(y_i - \left(\sum_{j=1}^{n} w_j\right)^{-1} \sum_{j=1}^{n} w_j y_j\right)$

以下是本节中所有操作符的概述:

fldcor   空间相关

timcor	时间相关
fldcovar	空间协方差
timcovar	时间协方差

2.9.1 FLDCOR-空间相关

语法

fldcor ifile1 ifile2 ofile

描述

相关系数是一个量,使原始数据具有最小二乘拟合的性质。此操作符求解每一时间步上两个变量在所有网格点的相关性。当

$$S(t) = \{x, i_1(t,x) \neq missval \wedge i_2(t,x) \neq missval\}$$

则

$$O(t,1) =$$

$$\frac{\sum_{x \in S(t)} i_1(t,x) i_2(t,x) \omega(x) - \overline{i_1(t,x)}\,\overline{i_2(t,x)} \sum_{x \in S(t)} \omega(x)}{\sqrt{(\sum_{x \in S(t)} i_1(t,x)^2 \omega(x) - \overline{i_1(t,x)}^2 \sum_{x \in S(t)} \omega(x))(\sum_{x \in S(t)} i_2(t,x)^2 \omega(x) - \overline{i_2(t,x)}^2 \sum_{x \in S(t)} \omega(x))}}$$

$w(x)$ 是由输入流计算得到的面积权重。对于每一时间步 t,只有满足 $i\_1(t, x) \neq missval$ 且 $i\_2(t, x) \neq missval$,空间自变量 x 才会被包含在样本空间中。

2.9.2 TIMCOR-时间相关

语法

timcor ifile1 ifile2 ofile

描述

相关系数是一个量,给出原始数据的最小二乘拟合值。此操作符求解每一网格点上两个变量在所有时间步的相关性。当

$$S(t) = \{t, i_1(t,x) \neq missval \wedge i_2(t,x) \neq missval\}$$

则

$$O(1,x) = \frac{\sum_{x \in S(t)} i_1(t,x) i_2(t,x) - n\,\overline{i_1(t,x)}\,\overline{i_2(t,x)}}{\sqrt{(\sum_{x \in S(t)} i_1(t,x)^2 - n\,\overline{i_1(t,x)}^2)(\sum_{x \in S(t)} i_2(t,x)^2 - n\,\overline{i_2(t,x)}^2)}}$$

对于每一网格点 x,只有满足 $i\_1(t, x) \neq missval$ 且 $i\_2(t, x) \neq missval$,的时间自变量 t 才会被包含在样本空间中。

2.9.3 FLDCOVAR-空间协方差

语法

fldcovar ifile1 ifile2 ofile

描述

在给定时间步上,此操作符计算两个变量场遍历所有网格点的协方差。当

$$S(t) = \{x, i_1(t,x) \neq missval \wedge i_2(t,x) \neq missval\}$$

时,有

$$O(t,1) = \left(\left(\sum_{x \in S(t)} \omega(x)\right)^{-1} \sum_{x \in S(t)} \omega(x)\left(i_1(t,x) - \frac{\sum\limits_{x \in S(t)} \omega(x)i_1(t,x)}{\sum\limits_{x \in S(t)} \omega(x)}\right)\left(i_2(t,x) - \frac{\sum\limits_{x \in S(t)} \omega(x)i_2(t,x)}{\sum\limits_{x \in S(t)} \omega(x)}\right)\right)$$

其中,$\omega(x)$ 是由输入流计算得到的面积权重。对于每一时间步 t,只有满足 $x_1(t,x) = missval$ 且 $x_2(t,x) \neq missval$ 的空间自变量 x 会被包含在样本空间中。

2.9.4 TIMCOVAR-时间协方差

语法

timcovar ifile1 ifile2 ofile

描述

在给定空间点上,此操作符计算两个变量场遍历所有时间步的协方差。当

$$S(x) = \{t, i_1(t,x) \neq missval \wedge i_2(t,x) \neq missval\}$$

时,有

$$O(1,x) = n^{-1} \sum_{t \in S(x)} (i_1(t,x) - \overline{i_1(t,x)})^2 (i_2(t,x) - \overline{i_2(t,x)})^2$$

对于每一网格点 x,只有满足 $i\_1(t,x) \neq missval$ 且 $i\_2(t,x) \neq missval$ 的时间步 t 会被包含在样本空间中。

2.10 回归

此节包含对时间序列作线性回归运算的模块。

以下是对本节中所有操作符的概述:

regres 回归
detrend 去趋势
trend 求趋势
subtrend 减趋势

2.10.1 REGRES-回归

语法

regres ifile ofile

描述

假设输入文件 ifile 中的变量值符合 $N(a+bt, \delta^2)$ 分布，a、b 和 δ 未知，此操作符将测算参数 b。对于每一个空间变量 x，只有满足 $i(t,x) \neq minss$ 那些时间步 t 才会包含在样本 $S(x)$ 中。则：

$$O(1,x) = \frac{\sum_{t \in S(x)} (i(t,x) - \frac{1}{\#S(x)} \sum_{t' \in S(x)} i(t',x))(t - \frac{1}{\#S(x)} \sum_{t' \in S(x)} t')}{\sum_{t \in S(x)} (t - \frac{1}{\#S(x)} \sum_{t' \in S(x)} t')^2}$$

2.10.2 DETREND-去趋势

语法

detrend ifile ofile

描述

去除输入文件 ifile 中每个时间序列的线性趋势。对于每一个空间变量 x，只有满足 $i(t,x) \neq minss$ 那些时间步 t 才会包含在样本 $S(t)$ 中。当

$$a(x) = \frac{1}{\#S(x)} \sum_{t \in S(x)} i(t,x) - b(x) \left(\frac{1}{\#S(x)} \sum_{t' \in S(x)} t \right)$$

和

$$b(x) = \frac{\sum_{t \in S(x)} (i(t,x) - \frac{1}{\#S(x)} \sum_{t' \in S(x)} i(t',x))(t - \frac{1}{\#S(x)} \sum_{t' \in S(x)} t')}{\sum_{t \in S(x)} \left(t - \frac{1}{\#S(x)} \sum_{t' \in S(x)} t' \right)^2}$$

时，有

$$o(t,x) = i(t,x) - (a(x) + b(x)t)$$

注意

此操作符须将所有时间步的数据同时储存在内存中。如可用内存不足，应使用操作符 trend 和 subtrend。

示例

对 ifile 中的数据进行去趋势并将结果储存在 ofile 中：

```
cdo detrend ifile ofile
```

2.10.3 TREND-求趋势

语法

trend ifile ofile1 ofile2

描述

假设输入文件 ifile 中的变量值符合 $N(a+bt,\delta^2)$ 分布，a、b 和 δ 未知，此操作符将测算参数 a 和 b。对于每一个空间变量 x，只有满足 $i(t,x)\neq minss$ 那些时间步 t 才会包含在样本 $S(x)$ 中。即

$$o_1(1,x)=\frac{1}{\#S(x)}\sum_{t\in S(x)}i(t,x)-b(x)\left(\frac{1}{\#S(x)}\sum_{t\in S(x)}t\right)$$

和

$$o_2(1,x)=\frac{\sum\limits_{t\in S(x)}(i(t,x)-\frac{1}{\#S(x)}\sum\limits_{t'\in S(x)}i(t',x))(t-\frac{1}{\#S(x)}\sum\limits_{t'\in S(x)}t')}{\sum\limits_{t\in S(x)}(t-\frac{1}{\#S(x)}\sum\limits_{t'\in S(x)}t')^2}$$

对 a 的测算结果储存在 ofile1 中，对 b 的测算结果储存在 ofile2 中。如要减数据趋势，参照操作符 subtrend。

2.10.4 SUBTREND-减趋势

语法

subtrend ifile1 ifile2 ifile3 ofile

描述

此操作符用于减去由操作符 trend 计算的趋势。即

$$o(t,x)=i_1(t,x)-(i_2(1,x)+i_3(1,x)\cdot t)$$

示例

去除 ifile 中的数据趋势并将结果存储在 ofile 中，典型命令为：

```
cdo trend ifile afile bfile
cdo subtrend ifile afile bfile ofile
```

结果与操作符 detrend 相同：

```
cdo detrend ifile ofile
```

2.11 经验正交函数分解(EOFs)

此节包含计算经验正交函数的模块,同时给出主要的 EOFs 系数。

对此处所涉及的主成分分析理论,可以参考:

主成分分析[Peisendorfer]

关于时间场和空间场的计算细节,可参考:

气候研究中的统计分析[vonStorch]

EOFs 定义为数据散布矩阵(协方差矩阵)的特征值。为简单起见,将异常值时间序列作为样本。

$$(z(t)), t \in \{1, \ldots, n\}$$

输入 p 的矢量 $z(t)$(p 是网格尺寸)。这样,由于 $z_j(t)$ 为异常值,即

$$< z_j > = n^{-1} \sum_{i=1}^{n} z_j(i) = 0 \,\forall\, 1 \leqslant j \leqslant p$$

散布矩阵的 S 可写作

$$S = \sum_{t=1}^{n} [\sqrt{W_z(t)}][\sqrt{W_z(t)}]^T$$

W 是对角矩阵,包含 $W(x,x)z$ 的单元格 p_0 的面积权重。

矩阵 S 有一组正交特征向量,$e_j, j = 1, \ldots p$,称为样本 z 的 $EOFs$。(请注意,e_j 是 S 的特征向量,W_{e_j} 是加权特征向量)λ_j 代表相应的特征向量。向量 e_j 是空间网格,解释与 λ_j 线性相关的时间序列 $z(t)$ 的方差量。因此,由第一特征向量定义的空间网格具有最大特征值,是解释样本 $z(t)$ 的最大可能方差量的网格。特征向量的正交性表示为:

$$\sum_{t=1}^{p} [\sqrt{W(x,x)} e_j(x)][\sqrt{W(x,x)} e_k(x)] = \sum_{x=1}^{p} W(x,x) e_j(x) e_k(x)$$

$$= \begin{cases} 0 & if\, j \neq k \\ 1 & if\, j = k \end{cases}$$

如计算所有 $\lambda_j \neq 0$ 的 EOFs e_j,数据可由下列重构

$$z(t,x) = \sum_{j=1}^{p} W(x,x) a_j(t) e_j(x)$$

a_j 称为主成分或主系数或 z 的 $EOFs$ 系数。从上面很容易看出,此类系数作为 EOF e_j 在数据样本 $z(t_0)$ 的时间步上的投影,可如下进行计算

$$a_j(t_0) = \sum_{x=1}^{p} [\sqrt{W(x,x)} e_j(x)][\sqrt{W(x,x)} z(t_0,x)] = [\sqrt{W} z(t_0)]^T [\sqrt{W} e_j]$$

下列是本节中所有操作符的概述:

eof	计算 EOFs 空间或时空
eoftime	计算 EOFs 时空
eofspatial	计算 EOFs 空间
eof3d	计算 3 维 EOFs 时空
eofcoeff	计算 EOFs 的主系数

2.11.1　EOFS-经验正交函数

语法

<操作符>,$neof$ ifile ofile1 ofile2

描述

此模块计算 ifile 中数据的经验正交函数,作为数据样本 $z(t)$ 的散布矩阵(协方差矩阵)S 的特征值。

请注意,假设输入数据是不规则的。

如果选择操作符 eof,则 EOFs 将选择时间或空间中最快的进行计算。。如果用户已知晓哪个更快此模块可通过分别使用操作符 eoftime 或 eofspatial 强制执行时间或网格空间计算来改善运行情况,尤其是对于时间步数目大于网格点数目的非常长的时间序列。ifile 数据被假设为不规则的,否则无法很好定义此模块的运行情况。执行后,ofile1 将包含所有的特征值,ofile2 将包含特征向量 e_j。计算所有 EOFs 和特征值。但仅将第一 $neof$ 的 EOFs 写入 ofile2。尽管如此,ofile1 还是包含所有的特征值。

不完全支持缺失值,仅支持对缺省值的未改变的掩码及时检查。尽管能得到结果,但不可信,并且会显示警告。在后一种情况下,我们建议用 0 代替 ifile 的缺省值。

操作符

eof	计算 EOFs 空间或时空
eoftime	计算 EOFs 时空
eofspatial	计算 EOFs 空间
eof3d	计算 3 维 EOFs 时空

参数

$neof$	INTEGER	特征函数的数目

环境

CDO_SVD_MODE　　　　　　　用于选择特征值计算的算法。"jacobi"选项针对单边并行 jacobi 算法(仅在设立-P 标志时并行执行),"danielson_lanczos"针对非并行 d/l

算法。默认设置为"jacobi"。

CDO_WEIGHT_MODE 用于设置加权模式,默认值为"on"。对于非加权版本,设置为"off"。

MAX_JACOBI_ITER 是使用 jacobi 算法计算特征值时执行的湮没 sweeps 的最大整数。默认值为 12。

FNORM_PRECISION 是包含特征向量湮没对的矩阵 Frobenius 范数,用于确定特征向量是否已达到充分收敛水平。如向量的所有湮没对在此值下具有范数,认为计算是正确收敛的。否则显示警告。默认值为 1e-12。

示例

为计算不规则的数据集的前 40EOFs,运行:

```
cdo eof,40 ifile ofile1 ofile2
```

如果数据集规则,最先处理它们,运行:

```
cdo sub ifile1 -timmean ifile1 anom_file
cdo eof,40 anom_file ofile1 ofile2
```

2.11.2 EOFCOEFF-EOFs 的主系数

语法

eofcoeff ifile1 ifile2 obase

描述

此模块计算给定 EOF 和数据的主系数的时间序列。假设 ifile1 的时间步为 EOFs,ifile2 的时间步为时间序列。注意,此操作符计算 ifile1 和 ifile2 的字段的加权数量积。为保持一致性,在应用 eof 或 eof3d 时,设置环境变量 CDO_WEIGHT_MODE=off。给定一组 EOFs e_j 和一组数据 $z(t)$ 的时间序列,其中每个计算 e_j 的时间步骤都有 p 个条目,该运算符计算数据在每个 EOF 上的投影的时间序列。

$$o_j(t) = \sum_{x=1}^{p} W(x,x)z(t,x)e_j(x)$$

W 是包含上述面积权重的对角矩阵。每一 EOF 的主系数将有单独的文件 o_j。

因为 EOFs e_j 是不相关的,所以它们的主系数也是不相关的,例如

$$\sum_{t=1}^{n} o_j(t)o_k(t) = \begin{cases} 0 \ if \ j \neq k \\ \lambda_j \ if \ j = k \end{cases} with \sum_{t=1}^{n} o_j(t) = 0 \, \forall \, j \in \{1, \ldots, p\}$$

ifile1 每一 EOF 都有包含来自于 ifile2 的带有时间信息的主系数时间序列的单独文件。输出文件将命名为＜obase＞＜neof＞＜suffix＞,neof＋1 是 ifile1 中 EOF(时间步)的数目,suffix 是由文件格式派生的文件名扩展。

环境

CDO_FILE_SUFFIX 设置默认文件后缀。添加此后缀至输出文件名,代替由文件格式派生的文件名扩展。设置此变量为 NULL 禁止添加文件后缀。

示例

为计算 anom_file 的第一 40EOFs 的主系数,以 obase 为首写入文件,应用:

```
export CDO_WEIGHT_MODE=off
cdo eof,40 anom_file eval_file eof_file
cdo eofcoeff eof_file anom_file obase
```

第一 EOF 的主系数将在文件 obase000000. nc 中(依此类推,对于更高的 EOFs,nth EOF 将在 obase＜n-1＞中)。

如果数据集 ifile 不包含异常值,先处理它们,使用:

```
export CDO_WEIGHT_MODE=off
cdo sub ifile -timmean ifile anom_file
cdo eof,40 anom_file eval_file eof_file
cdo eofcoeff eof_file anom_file obase
```

2.12　Interpolation-插值

此节介绍对数据集进行插值的模块。有的操作符将水平网格数据插值到新的网格中,有的操作符仅能处理规则矩形网格的二维数据。对于三维变量,从混合模式层插值到高度层或压力层,以及在时间步或年份之间进行时间插值,都是可以实现的。

以下是对本节中所有操作符的概述:

remapbil	双线性插值
genbil	生成双线性插值权重
remapbic	双三次插值
genbic	生成双三次插值权重
remapnn	最近邻点重映射
gennn	生成最近邻点重映射权重
remapdis	距离加权平均重映射
gendis	生成距离加权平均重映射权重
remapycon	一阶守恒重映射(YAC)

genycon	生成一阶守恒重映射权重
remapcon	一阶守恒重映射（SCRIP）
gencon	生成一阶守恒重映射权重
remapcon2	二阶守恒重映射
gencon2	生成二阶守恒重映射权重
remaplaf	最大面积分数重映射
genlaf	生成最大面积分数重映射权重
remap	网格重映射
remapeta	垂向混合坐标重映射
ml2pl	模型结果（西格玛-压力混合坐标）插值到等压面
ml2hl	模型结果（西格玛-压力混合坐标）插值到等高面
ap2pl	模型结果（西格玛-高度混合坐标）插值到等压面
intlevel	垂向线性插值
intlevel3d3	维垂向线性插值
intlevelx3d	应用外插算法的 3 维垂向线性插值
inttime	时间步插值
intntime	时间步插值
intyear	两年间插值

2.12.1　REMAPBIL-双线性插值

语法

＜操作符＞,*grid* ifile ofile

描述

此模块包含对变量场在球面网格间进行双线性插值的操作符。插值算法基于改编后的 SCRIP 函数库,详细描述请参考［SCRIP］。插值算法仅对四边形曲线源网格有效。

操作符

remapbil	双线性插值

对所有输入变量场进行双线性插值。

genbil	生成双线性插值权重

对第一个输入变量场生成双线性插值加权并将结果写入文件中。文件应为符合 SCRIP 约定的 netCDF 格式。可使用操作符 remap 将此插值权重应用至具有相同源网格的数据文件。

参数

grid　　STRING　　目标网格描述文件或目标网格名称

环境

REMAP_EXTRAPOLATE　　　此变量用于切换外插法插值状态为"on"或"off"。默认情况下,循环网格可使用外插法插值。

示例

假设 ifile 包含四边形曲线网格变量,现将所有变量双线性插值至高斯 N32 网格,运行:

```
cdo remapbil,n32 ifile ofile
```

2.12.2　REMAPBIC-双三次插值

语法

<操作符>,*grid* ifile ofile

描述

此模块包含球面坐标网格之间变量的双三次重映射的操作符。插值基于改编的 SCRIP 库版本。插值方法的详细描述参照[SCRIP]。插值方法仅在四边形曲线源网格生效。

操作符

remapbic　　双三次插值

执行所有输入变量的双三次插值。

genbic　　生成双三次插值权重

对第一个输入变量生成双三次插值权重,将结果写入文件中。此文件的格式是 SCRIP 约定的 netCDF。用操作符 remap 将此重映射权重应用至具有相同源网格的数据文件。

参数

grid　　STRING　　目标网格描述文件或名称

环境

REMAP_EXTRAPOLATE　　　此变量用于转换外插特征"on"或"off"。默认情况下,圆网格可用外插法。

示例

假设 ifile 包含四边形曲线网格变量。为将所有变量双三次重映射至高斯 N32 网格,运行:

```
cdo remapbic,n32 ifile ofile
```

2.12.3 REMAPNN-最近邻点重映射

语法

＜操作符＞, *grid* ifile ofile

描述

此模块包含球面坐标网格之间变量的最近邻点重映射的操作符。

操作符

remapnn　　最近邻点重映射
　　　　　　执行所有输入变量的最近邻点重映射

gennn　　　生成最近邻点重映射权重
　　　　　　对第一个输入变量生成最近邻点重映射权重,将结果写入文件
　　　　　　中。此文件的格式是 SCRIP 约定的 netCDF。用操作符 re-
　　　　　　map 应用此重映射权重至具有相同源网格的数据文件。

参数

grid　　　STRING　　　目标网格描述文件或名称

环境

REMAP_EXTRAPOLATE　　　此变量用于转换外插特征"on"或"off"。默
　　　　　　　　　　　　认情况下,外插法可用于此重映射方法。

CDO_REMAP_RADIUS　　　以度数重映射搜索半径,默认 180 度。

2.12.4 REMAPDIS-距离加权平均重映射

语法

＜操作符＞, *grid* ifile ofile

描述

此模块包含球面坐标网格之间变量的 4 个最近邻值的距离加权平均重映射
操作符。插值基于改编的 SCRIP 库版本。插值方法的详细描述参照[SCRIP]。

操作符

remapdis　　距离加权平均重映射
　　　　　　执行所有输入变量的 4 个最近邻值的距离加权平均重映射

gendis　　　生成距离加权平均重映射权重
　　　　　　对第一个输入变量生成 4 个最近邻值的距离加权平均重映射
　　　　　　权重,将结果写入文件。此文件的格式是 SCRIP 约定的 netC-

DF。用操作符 remap 应用此重映射权重至具有相同源网格的数据文件。

参数

grid STRING 目标网格描述文件或名称

环境

REMAP_EXTRAPOLATE 此变量用于转换外插特征"on"或"off"。默认情况下,外插法可用于此重映方法。

CDO_REMAP_RADIUS 以度数重映射搜索半径,默认 180 度。

2.12.5 REMAPYCON-一阶守恒重映射

语法

<操作符>,*grid* ifile ofile

描述

此模块包含球面坐标网格之间变量的一阶守恒重映射操作符,应用 YAC 软件包的代码计算守恒重映射权重。插值方法的详细描述参照[YAC]。此插值方法具有普遍性,可用于球面上的任意网格。对于守恒重映射,搜索算术要求不能出现多次网格单元。

操作符

remapycon 一阶守恒重映射

执行所有输入变量的一阶守恒重映射

genycon 生成一阶守恒重映射权重

对第一个输入变量生成一阶守恒重映射权重,将结果写入文件中。此文件的格式是 SCRIP 约定的 netCDF。用操作符 remap 应用此重映射权重至具有相同源网格的数据文件。

参数

grid STRING 目标网格描述文件或名称

环境

CDO_REMAP_NORM 此变量用于选择守恒插值的规范化。默认情况下,设置 CDO_REMAP_NORM 为"fracarea"。"fracarea"应用非屏蔽源单元格交叉区域的总和,将每一目标单元格变量值规范化,产生合理的通量值,但通量不是局部守恒的。"destarea"选项使用目标单元格总面积对每一目标单元格变量值规范化,确保了通量局部守恒,但可能出现不合理的通量值。

REMAP_AREA_MIN   此变量用于设置最小目的区域部分。此变量默认为 0.0。

示例

假设 ifile 包含四边形曲线网格变量。为将所有变量守恒重映射至高斯 N32 网格,运行:

```
cdo remapycon,n32 ifile ofile
```

2.12.6 REMAPCON-一阶守恒重映射

语法

<操作符>,*grid* ifile ofile

描述

此模块包含球面坐标网格之间变量的一阶守恒重映射的操作符。插值基于改编的 SCRIP 库版本。插值方法的详细描述参照[SCRIP]。此插值方法具有彻底的普遍性,可用于球面上的任意网格。对于守恒重映射,搜索算术要求不能出现多次网格单元。

操作符

remapcon   一阶守恒重映射

执行所有输入变量的一阶守恒重映射。

gencon   生成一阶守恒重映射权重

对第一个输入变量生成一阶守恒重映权重,将结果写入文件中。此文件的格式是 SCRIP 约定的 netCDF。应用操作符 remap 申请此重映射权重至具有相同源网格的数据文件。

参数

grid   STRING   目标网格描述文件或名称

环境

CDO_REMAP_NORM   此变量用于选择守恒插值的标准化。默认情况下,设置 CDO_REMAP_NORM 为"fracarea"。"fracarea"应用非屏蔽源单元格交叉区域的总和将每一目标单元格变量值标准化,产生合理的通量值,但通量是局部不守恒的。选项"destarea"应用总目标单元格区域将每一目标单元格变量值标准化,确保了局部通量守恒,但可能出现不合理的通量值。

REMAP_AREA_MIN　　　　此变量用于设置最小目的区域部分。此变量默
　　　　　　　　　　　　认为 0.0。
注意

SCRIP 守恒重映射方法对于某些网格组合不能正确运作。万一出现问题,
请使用 remapycon 或 genycon。
示例

假设 ifile 包含四边形曲线网格变量。为将所有变量守恒重映射至高斯 N32
网格,运行:

```
cdo remapcon,n32 ifile ofile
```

2.12.7　REMAPCON2-二阶守恒重映射

语法
remapcon2,*grid* ifile ofile
gencon2,*grid* 2 ifile ofile
描述

此模块包含球面坐标网格之间变量的二阶守恒重映射的操作符。插值基于
改编的 SCRIP 库版本。插值方法的详细描述参照[SCRIP]。此插值方法具有普
遍性,可用于球面上的任意网格。对于守恒重映射,搜索算术要求不能出现多次
网格单元。
操作符

remapcon2　　　二阶守恒重映射
　　　　　　　　执行所有输入变量的二阶守恒重映射

gencon2　　　　生成二阶守恒重映射权重
　　　　　　　　对第一个输入变量生成二阶守恒重映射权重,将结果写入
　　　　　　　　文件中。此文件的格式是 SCRIP 约定的 netCDF。用操作
　　　　　　　　符 remap 将此重映射权重应用至具有相同源网格的数据文
　　　　　　　　件。
参数

grid　　　STRING　　目标网格描述文件或名称
环境

CDO_REMAP_NORM　　　此变量用于选择守恒插值的规范化。默认情况
　　　　　　　　　　　下,设置 CDO_REMAP_NORM 为"fracarea"。
　　　　　　　　　　　"fracarea"用非屏蔽源单元格交叉区域的面积总
　　　　　　　　　　　和,将每一目标单元格变量值规范化,产生合理

的通量值,但通量不是局部守恒的。"destarea"
选项使用目标单元格的总面积对每一目标单元
格变量值规范化,确保了局部通量守恒,但可能
出现不合理的通量值。

REMAP_AREA_MIN　　　　此变量用于设置最小目的区域部分。此变量默
认为 0.0。

注意

SCRIP 守恒重映射方法对于某些网格组合不能正确运作。

示例

假设 ifile 包含四边形曲线网格变量。将所有变量的保守值(二阶)重映射至
高斯 N32 网格,运行:

```
cdo remapcon2,n32 ifile ofile
```

2. 12. 8　REMAPLAF-最大区域部分重映射

语法

<操作符>,*grid* ifile ofile

描述

此模块包含球面坐标网格之间变量的最大区域部分重映射的操作符,应用
YAC 软件包的代码计算最大区域部分。插值方法的详细描述参照[YAC]。此
插值方法具有普遍性,可用于球面上的任意网格。对于此重映射方法,搜索算术
要求不能出现多次网格单元。

操作符

remaplaf　　　最大区域部分重映射
　　　　　　　执行所有输入变量的最大区域部分重映射。

genlaf　　　　生成最大区域部分重映射权重
　　　　　　　对第一个输入变量生成最大区域部分重映射权重,将结果写
　　　　　　　入文件中。此文件的格式是 SCRIP 约定的 netCDF。用操作
　　　　　　　符 remap 应用此重映射权重至具有相同源网格的数据文件。

参数

grid　　　STRING　　目标网格描述文件或名称

环境

REMAP_AREA_MIN　　　　此变量用于设置最小目的区域部分。此变量默
认为 0.0。

2.12.9 REMAP-网格重映射

语法

remap,*grid*,*weights* ifile ofile

描述

此操作符将所有输入变量重映射至新水平网格,输入网格的重映射类型和插值权重从 netCDF 文件读取。如果输入变量在不同网格,计算更多权重。加权 netCDF 文件应遵从 SCRIP 约定。通常,此类权重出自 genXXX 操作符(例如 genbil)之一的前一个调用,或由原来的 SCRIP 包创建。

参数

grid	STRING	目标网格描述文件或名称
weights	STRING	插值权重(SCRIP netCDF 文件)

环境

CDO_REMAP_NORM 此变量用于选择守恒插值的规范化。默认情况下,设置 CDO_REMAP_NORM 为"fracarea"。"fracarea"用非屏蔽源单元格交叉区域的面积总和将每一目标单元格变量值规范化,产生合理的通量值,但通量不是局部守恒的。"destarea"选项使用目标单元格总面积对每一目标单元格变量值规范化,确保了局部通量守恒,但可能出现不合理的通量值。

REMAP_EXTRAPOLATE 此变量用于转换外插特征"on"或"off"。默认情况下,remapdis、remapnn 和圆形网格应用外插法。

REMAP_AREA_MIN 此变量用于设置最小目的区域部分。此变量默认为 0.0。

CDO_REMAP_RADIUS 以度数重映射搜索半径,默认 180 度。

示例

假设 ifile 包含四边形曲线网格变量。将所有变量双线性重映射至高斯 N32 网格,运行:

```
cdo genbil,n32 ifile remapweights.nc
cdo remap,n32,remapweights.nc ifile ofile
```

结果与下列一样:

```
cdo remapbil,n32 ifile ofile
```

2.12.10　REMAPETA-重映射垂直混合层

语法

remapeta,*vct*[,*oro*] ifile ofile

描述

此模块在不同垂直混合层中进行插值,包括自由大气一致性数据的准备。垂直插值的步骤基于 HIRLAM 计划,由[INTERA]改编而成。垂直插值是基于流体静力学方程的逆向积分而几乎没有调整。基本任务如下:

- 首先,流体静力学方程的积分
- 地表压力的外插
- 行星边界层(PBL)剖面插值
- 自由大气插值
- 两种剖面的合并
- 最后,地表压力的修正

垂直插值修正了地表压力,这仅是气团的一个移除或叠加。此种气团修正不应影响对流层中的地转速度场,因此以 400hPa 位势高度为参照层,其以上的总质量是守恒的。在地表附近,修正可以影响 PBL 的垂直结构,因此应用位温进行插值。但在自由大气中,超过 n(n 等于 0.8,定义了 PBL 的顶部)后,插值是线性完成的。完成插值后,两种剖面进行合并。在产生的温度/压力修正下,流体静力学方程再次整合,调整到参照层,进行最终地表压力修正。[INTERA]中可找到插值更详细的描述。此操作符要求所有变量在同一水平网格中。

参数

vct	STRING	具有垂直坐标表的 ASCII 数据集的文件名称
oro	STRING	具有目标数据集(可选)的地形(海浪、位势)文件名称

环境

REMAPETA_PTOP　　　　设置冷凝的最小压力水平。超过此水平,设置湿度为常量 1.E-6。默认值为 0 Pa。

注意

所要求的参数的代码号或变量名称要遵从[ECHAM]约定。目前,netCDF文件的垂直坐标定义也要遵从 ECHAM 约定,意味着:

- 完整水平坐标的维数及其对应的变量称为 mlev;
- 半水平坐标的维数及其对应的变量称为 ilev(ilev 具有的元素须比 mlev 多一个);

- 混合垂直系数 a 以 Pa 为单位指定,称为 hyai(水平中点称为 hyam);
- 混合垂直系数 b 以 1 为单位指定,称为 hybi(水平中点称为 hybm);
- 变量 mlev 具有包含字符串"ilev"的边界属性。

应用 sinfo 命令可测试垂直坐标系统是否被识别为混合系统。

如 remapeta 发出负面反馈,没有发现混合模式层的任何数据,可以使用 setzaxis 命令生成与 ECHAM 约定一致的 z 轴描述。有关如何定义混合 Z 轴的示例,参见部分"1.4 Z 轴描述"。

示例

在不同混合模式层数据中重映射,运行:

```
cdo remapeta,vct ifile ofile
```

以下是具有 19 混合模式层 vct 文件的示例:

0	0.00000000000000000	0.00000000000000000
1	2000.00000000000000000	0.00000000000000000
2	4000.00000000000000000	0.00000000000000000
3	6046.10937500000000000	0.00033899326808751
4	8267.92968750000000000	0.00335718691349030
5	10609.51171875000000000	0.01307003945112228
6	12851.10156250000000000	0.03407714888453484
7	14698.50000000000000000	0.07064980268478394
8	15861.12890625000000000	0.12591671943664551
9	16116.23828125000000000	0.20119541883468628
10	15356.92187500000000000	0.29551959037780762
11	13621.46093750000000000	0.40540921688079834
12	11101.55859375000000000	0.52493220567703247
13	8127.14453125000000000	0.64610791206359863
14	5125.14062500000000000	0.75969839096069336
15	2549.96899414062500000	0.85643762350082397
16	783.19506835937500000	0.92874687910079956
17	0.00000000000000000	0.97298520803451538
18	0.00000000000000000	0.99228149652481079
19	0.00000000000000000	1.00000000000000000

2.12.11 VERTINTML-垂直插值

语法

ml2pl,*plevels* ifile ofile

ml2hl,*hlevels* ifile ofile

描述

将混合 sigma 压力水平的 3D 变量插值到压力或高度水平,输入文件应包含日志。为进行温度插值,也需要地表位势。压力、温度和地表位势由它们的 GRIB1 代码编号或 netCDF CF 标准名称确定。支持的参数表为:WMO 标准表编号 2 和 ECMWF 本地表编号 128。应用别名 ml2plx/ml2hlx 或环境变量 EXTRAPOLATE 进行缺省值外插。此操作符要求所有变量在同一水平网格中。

操作符

ml2pl　　压力水平插值模式

将混合 sigma 压力水平的 3D 变量插值到压力水平。

ml2hl　　高度水平插值模式

将混合 sigma 压力水平的 3D 变量插值到高度水平。对于操作符 mh2pl，程序也一样，除了压力水平由高度计算：$plevel = 101325 * exp(hlevel/\ 7000)$。

参数

plevels　　FLOAT　　以帕斯卡为单位的压力水平

hlevels　　FLOAT　　以米为单位的高度水平（最大层：65535m）

环境

EXTRAPOLATE　　如设置为 1，对缺省值进行外插

示例

将混合模式层数据插值到 925、850、500 和 200hPa 压力水平，运行：

```
cdo ml2pl,92500,85000,50000,20000 ifile ofile
```

2.12.12 VERTINTAP-垂直插值

语法

ap2pl,*plevels* ifile ofile

描述

将混合 sigma 高度坐标的 3D 变量插值到压力水平。输入文件须包含 3D 气压，此气压由 netCDF CF 标准名称 air_pressure 确定。此操作符要求所有变量在同一水平网格中。

参数

plevels　　FLOAT　　以帕斯卡为单位的压力水平

注意

此为 ICON 模式 netCDF 文件的具体实施，可能无法与其他来源的数据一起运作。

示例

将混合 sigma 高度水平 3D 变量插值到 925、850、500 和 200 hPa 压力水平，运行：

```
cdo ap2pl,92500,85000,50000,20000 ifile ofile
```

2. 12. 13　INTLEVEL-线性层插值

语法

intlevel, *levels* ifile ofile

描述

此操作符执行非混合 3D 变量的线性垂直插值。

参数

levels　　　FLOAT　　　目标层

示例

将高度水平 3D 变量插值到新的高度水平集,运行:

```
cdo intlevel,10,50,100,500,1000 ifile ofile
```

2. 12. 14　INTLEVEL3D-3 维垂向线性插值

语法

<操作符>,icoordinate ifile1 ifile2 ofile

描述

基于给定的 3 维垂向坐标,对 3 维变量场进行垂向线性插值。

操作符

intlevel3d　　　线性插值至 3 维垂向坐标。

intlevelx3d　　　与 intlevel3d 类似但应用外推法进行插值

示例

从一个 3d 高度水平集将 3D 变量插值到另一个满足下列条件的 3d 高度水平集

将 3 维等高面上的数据插值到另外一个高度坐标上:

- icoordinate 包含一个单独的 3 维变量,它代表了输入的 3 维垂直坐标
- ifile1 包含源数据
- ifile2 包含目标 3 维等高面

运行:

```
cdo intlevel3d,icoordinate ifile1 ifile2 ofile
```

2. 12. 15　INTTIME-时间插值

语法

inttime, *date* , *time* [, *inc*] ifile ofile

intntime,*n* ifile ofile

描述

此模块执行时间步之间的线性插值。

操作符

inttime　　　时间步之间的插值

　　　　　　此操作符通过时间步之间的插值创建新数据集。用户须用可
　　　　　　选增量定义开始日期/时间。

intntime　　时间步之间的插值

　　　　　　此操作符执行时间步之间的线性插值。用户须定义从一个时
　　　　　　间步至下一个的时间步数目。

参数

date	STRING	开始日期（格式 YYYY-MM-DD）
time	STRING	开始时间（格式 hh:mm:ss）
inc	STRING	可选增量（秒、分、时、天、月、年）[默认值:0 时]
n	INTEGER	由一个时间步至另一个时间步的时间步数目

示例

假设 6 个小时的数据集于 1987-01-01 12:00:00 开始。为将此时间序列插值
到小时数据集,运行:

```
cdo inttime,1987-01-01,12:00:00,1hour ifile ofile
```

2.12.16　INTYEAR-年插值

语法

intyear,*years* ifile1 ifile2 obase

描述

此模块按时间步进行两年间的线性插值。输入文件需与相同的变量具有相
同的结构。输出文件名为＜obase＞＜yyyy＞＜suffix＞,yyyy 是年,suffix 是由
文件格式派生的文件名称扩展。

参数

years	INTEGER	年度逗号分隔列表

环境

CDO_FILE_SUFFIX	设置默认的文件后缀。这个后缀将被添加到输出文件名中,而不是从文件格式派生的文件名扩展名。将此变量设置为 NULL,以禁用添加文件后缀

示例

假设一年有两个月平均数据集。第一个数据集对于 1985 年的时间步与第二个数据集对于 1990 年的时间步总计为 12 个。按月份对 1985 年和 1990 年之间的年份进行插值,运行:

```
cdo intyear,1986,1987,1988,1989 ifile1 ifile2 year
```

下列是 netCDF 数据集"dir year *"的结果示例:

```
year1986.nc year1987.nc year1988.nc year1989.nc
```

2.13   变换

此节包含执行谱变换的模块。以下是对本节中所有操作符的概述:

sp2gp   频谱至网格

sp2gpl   频谱至网格(线性)

gp2sp   网格至频谱

gp2spl   网格至频谱(线性)

sp2sp   频谱至频谱

dv2uv   散度和涡度至 U/V 风速

dv2uvl   散度和涡度至 U/V 风速(线性)

uv2dv   U/V 风速至散度和涡度

uv2dvl   U/V 风速至散度和涡度(线性)

dv2ps   散度和速度至速度势和流函数

2.13.1   SPECTRAL-谱变换

语法

<操作符> ifile ofile

sp2sp,*trunc* ifile ofile

描述

此模块将高斯网格变量场变换为频谱系数,或反向变换。

操作符

sp2gp   频谱至网格

变换所有频谱系数变量至常规高斯网格。高斯网格总纬度数由三角截断计算:

$$nlat = NINT((\text{trunc} * \boxed{3} + 1.)/2.)$$

sp2gpl　频谱至网格(线性)

变换所有频谱系数变量至常规高斯网格。高斯网格纬度值由三角截断法计算:

$$\text{nlat} = NINT((\text{trunc} * \boxed{2} + 1.)/2.)$$

可用此操作符将 ERA40 数据由 TL159 转换至 N80 网格。

gp2sp　网格至频谱

变换所有高斯网格数据至频谱系数。球函数的三角截断通过总纬度数计算:

$$\text{trunc} = (\text{nlat} * 2 - 1)/\boxed{3}$$

gp2spl　网格至频谱(线性)

变换所有高斯网格数据至频谱系数。球函数的三角截断通过总纬度数计算:

可用此操作符将 ERA40 数据由 N80 转换至 T159 网格而非 T106 网格。

$$\text{trunc} = (\text{nlat} * 2 - 1)/\boxed{2}$$

sp2sp　频谱至频谱

改变所有频谱数据的三角截断。操作符通过降低分辨率进行下变换,通过填充零值进行上变换。

参数

trunc　　INTEGER　　新频谱分辨率

示例

从 T106 变换频谱系数至 N80 高斯网格,运行:

```
cdo sp2gp ifile ofile
```

从 TL159 变换频谱系数至 N80 高斯网格,运行:

```
cdo sp2gpl ifile ofile
```

2.13.2　WIND-风变换

语法

<操作符> ifile ofile

描述

此模块变换相对散度与涡度至 U/V 风速,或反向变换。散度与涡度是频谱空间的球函数系数,U 和 V 是正则高斯网格中的风速,高斯纬度为从北到南排序。

操作符

dv2uv   散度与涡度至 U 和 V 风

由相对散度与涡度的球函数系数计算高斯网格中的 U 和 V 风。散度与涡度需有名称 sd 和 svo 或代码编号 155 和 138。其高斯网格的总纬度数由三角截断计算：

$$\text{nlat} = NINT((\text{trunc} * \boxed{3} + 1.)/2.)$$

dv2uvl   散度与涡度至 U 和 V 风（线性）

由相对散度与涡度的球函数系数计算高斯网格中的 U 和 V 风。散度与涡度需有名称 sd 和 svo 或代码编号 155 和 138。其高斯网格的纬度数由三角截断计算：

$$\text{nlat} = NINT((\text{trunc} * \boxed{2} + 1.)/2.)$$

uv2dv   U 和 V 风至散度与涡度

由 U 和 V 风计算相对散度与涡度的球函数系数。U 和 V 风需在高斯网格中有名称 u 和 v 或代码编号 131 和 132。其球函数的三角截断由纬度数计算：

$$\text{trunc} = (\text{nlat} * 2 - 1)/\boxed{3}$$

uv2dvl   U 和 V 风至散度与涡度（线性）

由 U 和 V 风计算相对散度与涡度的球函数系数。U 和 V 风需在高斯网格中有名称 u 和 v 或代码编号 131 和 132。其球函数的三角截断由纬度数计算：

$$\text{trunc} = (\text{nlat} * 2 - 1)/\boxed{2}$$

dv2ps   D 和 V 至速度势与流函数

由相对散度与涡度的球函数系数计算速度势与流函数的球函数系数。散度与涡度需有名称 sd 和 svo 或代码编号 155 和 138。

示例

假设数据集至少有散度与涡度的球函数系数。为在高斯网格中将频谱散度与涡度变换至 U 和 V 风，运行：

```
cdo dv2uv ifile ofile
```

2.14   导入/导出

此节包含导入和导出无法与 CDO 直接读取或写入的数据文件的模块。

下列是本节中所有操作符的概述：

import_binary	导入二进制数据集
import_cmsaf	导入 CM-SAF HDF5 文件
import_amsr	导入 AMSR 二进制文件
input	ASCII 输入
inputsrv	SERVICE ASCII 输入
inputext	EXTRA ASCII 输入
output	ASCII 输出
outputf	格式化输出
outputint	整数输出
outputsrv	SERVICE ASCII 输出
outputext	EXTRA ASCII 输出
outputtab	表输出

2.14.1　IMPORTBINARY-导入二进制数据集

语法
import_binary ifile ofile
描述
此操作符通过 GrADS 数据描述符文件导入网格二进制数据集。GrADS 数据描述符文件包含对二进制数据的完整描述，以及关于在哪找到数据和怎样读取数据的指示。描述符文件是 ASCII 文件，可很容易地由文本编辑器创建。网格数据描述符文件的一般内容如下：

- 二进制数据文件名称
- 缺失或未定义数据值
- 网格坐标和世界坐标间的映射
- 二进制数据集变量的描述

可在[GrADS]中找到 GrADS 数据描述符文件分量的详细描述。下列是支持的分量清单：BYTESWAPPED, CHSUB, DSET, ENDVARS, FILE-HEADER, HEADERBYTES, OPTIONS, TDEF, TITLE, TRAILERBYTES, UNDEF, VARS, XDEF, XYHEADER, YDEF, ZDEF

注意
仅 32 位 IEEE floats 支持标准二进制文件！
示例
为将二进制数据文件转化至 netCDF，运行：

```
cdo -f nc import_binary ifile.ctl ofile.nc
```

此为 GrADS 数据描述符文件的示例：

```
DSET   ^ifile.bin
OPTIONS sequential
UNDEF  -9e+33
XDEF 360 LINEAR  -179.5 1
YDEF 180 LINEAR  -89.5 1
ZDEF   1 LINEAR 1 1
TDEF   1 LINEAR 00:00Z15jun1989 12hr
VARS   1
param   1  99  description of the variable
ENDVARS
```

二进制数据文件 ifile. bin 包含全球 1 度经/纬网格的写有 FORTRAN 记录长度标题(顺序的)的参数。

2. 14. 2 IMPORTCMSAF-导入 CM-SAF HDF5 文件

语法

import_cmsaf ifile ofile

描述

此操作符导入网格 CM-SAF(卫星应用设施在气候监测中的应用)HDF5 文件。CM-SAF 利用极地轨道和地球同步卫星的数据以提供以下参数的气候监测产品：

云参数：云量(CFC)、云类(CTY)、云相态(CPH)、云顶高度、压力和温度(CTH、CTP、CTT)、云光学厚度(COT)和云水路径(CWP)。

地表辐射分量：地表反照率(SAL)；地表入射(SIS)和净(SNS)短波辐射；地表向下(SDL)和向外(SOL)长波辐射、地表净长波辐射(SNL)和地表辐射平衡(SRB)。

大气顶部辐射分量：大气顶部入射(TIS)和反射(TRS)太阳辐射通量。大气顶部放出热辐射通量(TET)。

水汽：垂直集成水汽(HTW)、层状垂直集成水汽和层状平均气温与 5 层相对湿度(HLW)、6 压力等级下的气温和混合比。

日均和月均产品可通过 CM-SAF 网页(www. cmsaf. eu)来订购。更高时空分辨率的产品，即基于瞬时线束产品，可应要求从((contact. cmsaf@dwd. de)提供。所有产品均免费配给。CM-SAF 主页上可获得更多有关数据的信息(www. cmsaf. eu)。

日均和月均产品以等积投影进行提供。CDO 由 HDF5-标题的元数据读取投影参数，以便进行空间操作，比如重映射。对于原卫星投影瞬时产品的空间运作,需要额外的具有纬度和经度数组的文件,此类文件和数据可通过 CM-SAF 获得。

注意

为应用此操作符,有必要在 HDF5 支持下建立 CDO。需 PROJ.4 库(4.6 版本或更高)全面支持重映射功能。

示例

具有此操作符的命令的典型序列可能看起来像:

```
cdo -f nc remapbil,r360x180 -import_cmsaf cmsaf_product.hdf output.nc
```

(双线重映射至具有 1 度分辨率和转换至 netcdf 的预定义全球网格)。

如您在原卫星项目中接触 CM-SAF 数据,必须要有定位信息的附加文件,以执行此空间运作:

```
cdo -f nc remapbil,r720x360 -setgrid,cmsaf_latlon.h5 -import_cmsaf cmsaf.hdf out.nc
```

某些 CM-SAF 数据储存为规模整数值。对于某些运作,提高转换产品的精度是值得的(或必要的):

```
cdo -b f32 -f nc fldmean -sellonlatbox,0,10,0,10 -remapbil,r720x360 \
            -import_cmsaf cmsaf_product.hdf output.nc
```

2.14.3　IMPORTAMSR-导入 AMSR 二进制文件

语法

import_amsr ifile ofile

描述

此操作符导入网格二进制 AMSR(高级微波扫描辐射计)数据。二进制数据文件可从 AMSR ftp 网站中获得(ftp://ftp.ssmi.com/amsre)。每一文件由十二(每日)或五(平均)0.25×0.25 度网格(1440720)字节图分量。对于天数文件,六个白天时段图为以下顺序,时间(UTC)、海平面气温(SST)、10 米地面风速(WSPD)、大气水汽(VAPOR)、云液态水(CLOUD)和降雨率(RAIN),而后是相同顺序的六个夜晚时段图。时间平均文件仅包含相同顺序的物理层[SST、WSPD、VAPOR、CLOUD、RAIN]。关于数据的更多信息,详见 AMSR 主页 http://www.remss.com/amsr。

示例

为转换月二进制 AMSR 文件至 netCDF,运行:

```
cdo -f nc amsre_yyyymmv5 amsre_yyyymmv5.nc
```

2.14.4 INPUT-格式化输入

语法

input, *grid* ofile

inputsrv ofile

inputext ofile

描述

此模块由标准输入的 2D 变量读取时间序列。所有输入变量需有相同水平网格。输入的格式取决于所选操作符。

操作符

input   ASCII 输入

     由标准输入读取 ASCII 编号变量,储存至 ofile。读取的编号正是由操作符 output 写出的。

inputsrv SERVICE ASCII 输入

     由标准输入读取 ASCII 编号变量,储存至 ofile。每一变量应有 8 整数位的标题(如 SERVICE)。读取的编号正是由操作符 outputsrv 写出的。

inputext EXTRA ASCII 输入

     由标准输入读取 ASCII 编号变量,储存至 ofile。每一变量应有 4 整数位的标题(如 EXTRA)。读取的编号正是由操作符 outputext 写出的。

参数

grid STRING 网格描述文件或名称

示例

假设 ASCII 数据集包含 32 个经度和 16 个纬度(512 个元素)的全球常规网格的变量。为由 ASCII 数据集创建 GRIB1 数据集,运行:

```
cdo -f grb input,r32x16 ofile.grb < my_ascii_data
```

2.14.5 OUTPUT-格式化输出

语法

output ifiles

outputf, *format*[, *nelem*] ifiles

outputint ifiles

outputsrv ifiles

outputext ifiles

描述

此模块将所有输入数据集的所有值打印至标准输出。所有输入变量需有相同水平网格。所有输入变量需与相同变量具有相同结构。输出的格式取决于所选操作符。

操作符

output   ASCII 输出

打印所有值至标准输出。每行有 6 个 C 格式"％13.6 g"元素。

outputf   格式输出

打印所有值至标准输出。每行元素的格式和数目应由参数 *format* 和 *nelem* 指定。*nelem* 默认值为 1。

outputint   整数输出

打印所有圆整至最近整数的值至标准输出。

outputsrv   SERVICE ASCII 输出

打印所有值至标准输出。每一变量具有 8 整数位的标题(如 SERVICE)。

outputext   EXTRA ASCII 输出

打印所有值至标准输出。每一变量具有 4 整数位的标题(如 EXTRA)。

参数

format STRING   元素 C 格式(例如％13.6 g)

nelem INTEGER   每行元素的数目(默认:nelem ＝ 1)

示例

为打印数据集格式为"％8.4g"和每行 8 个值的所有变量元素,运行:

```
cdo outputf,%8.4g,8 ifile
```

64 个网格点变量数据集的结果示例为:

```
261.7      262    257.8    252.5    248.8    247.7    246.3    246.1
250.6    252.6    253.9    254.8      252    246.6    249.7    257.9
273.4    266.2    259.8    261.6    257.2    253.4      251    263.7
267.5    267.4    272.2    266.7    259.6    255.2    272.9    277.1
275.3    275.5    276.4    278.4      282    269.6    278.7    279.5
282.3    284.5    280.3    280.3      280    281.5    284.7    283.6
292.9    290.5    293.9    292.6    292.7    292.8    294.1    293.6
293.8    292.6    291.2    292.6    293.2    292.8      291    291.2
```

2.14.6 OUTPUTTAB-表输出

语法

outputtab, *params* ifiles ofile

描述

此操作符打印所有输入数据集表至标准输出。ifiles 是任意数量的输入文件。所有输入文件需与不同时间步的相同变量具有相同结构。所有输入变量需有相同水平网格。

表的内容取决于所选参数。每一表参数的格式为键名[:len]。len 是表项目的可选长度。下列是所有有效键名的列表:

Keyname	Type	Description
value	FLOAT	Value of the variable [len:8]
name	STRING	Name of the variable [len:8]
param	STRING	Parameter ID (GRIB1: code[.tabnum]; GRIB2: num[.cat[.dis]]) [len:11]
code	INTEGER	Code number [len:4]
lon	FLOAT	Longitude coordinate [len:6]
lat	FLOAT	Latitude coordinate [len:6]
lev	FLOAT	Vertical level [len:6]
xind	INTEGER	Grid x index [len:4]
yind	INTEGER	Grid y index [len:4]
timestep	INTEGER	Timestep number [len:6]
date	STRING	Date (format YYYY-MM-DD) [len:10]
time	STRING	Time (format hh:mm:ss) [len:8]
year	INTEGER	Year [len:5]
month	INTEGER	Month [len:2]
day	INTEGER	Day [len:2]
nohead	INTEGER	Disable output of header line

参数

params　　　STRING　　　键名逗号分隔列表,表的每一列对应一个

示例

为打印具有名称、日期、经度、纬度和值信息的表,应用:

```
cdo outputtab,name,date,lon,lat,value ifile
```

下列为在经度为 10/纬度为 53.5 的年平均气温时间序列的输出示例:

```
#   name        date        lon     lat     value
    tsurf   1991-12-31       10     53.5    8.83903
    tsurf   1992-12-31       10     53.5    8.17439
    tsurf   1993-12-31       10     53.5    7.90489
    tsurf   1994-12-31       10     53.5    10.0216
    tsurf   1995-12-31       10     53.5    9.07798
```

2.15 其他

此节包含不适用于之前其他节的其他模块。

下列是本节中所有操作符的简要概述：

Gradsdes	GrADS 数据描述符文件
After	ECHAM 标准后置处理程序
Bandpass	带通滤波
Lowpass	低通滤波
Highpass	高通滤波
Gridarea	网格单元面积
Gridweights	网格单元加权
smooth99	点滤波
setvals	设旧值列表至新值
setrtoc	设范围为常量
setrtoc2	设范围为常量,其他设为常量
timsort	时间排序
const	创建常量
random	创建随机数目的常量
for	创建时间序列
stdatm	对静力大气创建压力和气温值
rotuvb	向后旋转
mastrfu	质量流函数
sealevelpressure	海平面压力
adisit	位温至原位气温
adipot	原位气温至位温
rhopot	计算势密度
histcount	柱状图计数
histsum	柱状图总和
histmean	柱状图平均
histfreq	柱状图频率
sethalo	设置变量左右界限
wct	风寒温度
fdns	每个时间段无雪霜日指数

strwin	每个时间段大风日指数
strbre	每个时间段强风日指数
strgal	每个时间段烈风日指数
hurr	每个时间段飓风日指数
fillmiss	填充缺省值
fillmiss2	填充缺省值

2.15.1　GRADSDES-GrADS 数据描述符文件

语法

gradsdes[,mapversion] ifile

描述

创建 GrADS 数据描述符文件。支持的文件格式为 GRIB1、netCDF、SERV-ICE、EXTRA 和 IEG。对于 GRIB1 文件,也能生成 GrADS 地图文件。对于 SERVICE 和 EXTRA 文件,须和 CDO 选项"-g ＜grid＞"指定网格。此模块提取 ifile,以创建操作符文件名称(ifile. ctl)和地图(ifile. gmp)文件。

参数

mapversion	INTEGER	GRIB1 数据集的 GrADS 地图文件的格式版本。对机器指定版本 1GrADS 地图文件应用 1,对机器独立版本 2GrADS 地图文件应用 2,对大于 2GB 的支持 GRIB 文件应用 4。仅在 GrADS 为 1.8 版本或更新时,应用版本 2 地图文件。仅在 GrADS 为 2.0 版本或更新时,应用版本 4 地图文件。文件大于 2GB 时,默认为 4,否则为 2。

示例

为了从 GRIB1 数据集创建 GrADS 数据描述符文件,运行:

```
cdo gradsdes ifile.grb
```

此代码将创建名为 ifile. ctl 的描述符文件和名为 ifile. gmp 的地图文件。

假设输入 GRIB1 数据集在高斯 N16 网格中有多于 12 个时间步长的 3 个变量。其 GrADS 数据描述文件的内容大约为:

```
DSET   ^ifile.grb
DTYPE  GRIB
INDEX  ^ifile.gmp
XDEF 64 LINEAR 0.000000 5.625000
YDEF 32 LEVELS  −85.761  −80.269  −74.745  −69.213  −63.679  −58.143
                −52.607  −47.070  −41.532  −35.995  −30.458  −24.920
                −19.382  −13.844   −8.307   −2.769    2.769    8.307
                 13.844   19.382   24.920   30.458   35.995   41.532
                 47.070   52.607   58.143   63.679   69.213   74.745
                 80.269   85.761
ZDEF 4 LEVELS 925 850 500 200
TDEF 12 LINEAR 12:00Z1jan1987 1mo
TITLE   ifile.grb   T21 grid
OPTIONS yrev
UNDEF  −9e+33
VARS  3
geosp    0   129,1,0   surface geopotential (orography)   [m^2/s^2]
t        4   130,99,0  temperature   [K]
tslm1    0   139,1,0   surface temperature of land   [K]
ENDVARS
```

2.15.2 AFTERBURNER-ECHAM 标准后处理

语法

after ifiles ofile

描述

"afterburner"是[ECHAM]数据的标准后处理程序,提供下列操作:

· 提取指定的变量和层

· 计算派生变量

· 将光谱数据变换至高斯网格呈现

· 压力水平垂直插值

· 计算时间均值

此操作符由 stdin 读取选择参数作为名称列表。应用 UNIX 重定向"< namelistfile"从文件读取名称列表。

名称列表

名称列表以及默认参数为:

```
TYPE=0, CODE=−1, LEVEL=−1, INTERVAL=0, MEAN=0, EXTRAPOLATE=0
```

TYPE 控制变换和垂直插值。在一连串步骤中将光谱数据变换至高斯网格呈现,将垂直插值变换至压力水平。TYPE 参数可用于在一定步骤中停止连串。有效值为:

```
TYPE =  0 : Hybrid   level spectral coefficients
TYPE = 10 : Hybrid   level fourier  coefficients
TYPE = 11 : Hybrid   level zonal mean sections
TYPE = 20 : Hybrid   level gauss grids
TYPE = 30 : Pressure level gauss grids
TYPE = 40 : Pressure level fourier  coefficients
TYPE = 41 : Pressure level zonal mean sections
TYPE = 50 : Pressure level spectral coefficients
TYPE = 60 : Pressure level fourier  coefficients
TYPE = 61 : Pressure level zonal mean sections
TYPE = 70 : Pressure level gauss grids
```

涡度、散度、流函数和速度势需在垂直变换中特殊处理。在 types30、40 和 41 情况下,它们不可用。如您选择此类组合中的一个,type 转换至相当的 types70、60 和 61。因为 type 是全局参数,所以所有其他变量的 type 也会变换。

CODE 通过 ECHAM GRIB1 代码编号(1-255)选择变量。默认值-1 处理所有检测的代码。派生变量由 afterburner 计算:

Code	Name	Longname	Level	Needed Codes/Computation
34	low_cld	low cloud	single	223 on modellevel
35	mid_cld	mid cloud	single	223 on modellevel
36	hih_cld	high cloud	single	223 on modellevel
131	u	u-velocity	atm (ml+pl)	138, 155
132	v	v-velocity	atm (ml+pl)	138, 155
135	omega	vertical velocity	atm (ml+pl)	138, 152, 155
148	stream	streamfunction	atm (ml+pl)	131, 132
149	velopot	velocity potential	atm (ml+pl)	131, 132
151	slp	mean sea level pressure	surface	129, 130, 152
156	geopoth	geopotential height	atm (ml+pl)	129, 130, 133, 152
157	rhumidity	relative humidity	atm (ml+pl)	130, 133, 152
189	sclfs	surface solar cloud forcing	surface	176-185
190	tclfs	surface thermal cloud forcing	surface	177-186
191	sclf0	top solar cloud forcing	surface	178-187
192	tclf0	top thermal cloud forcing	surface	179-188
259	windspeed	windspeed	atm (ml+pl)	sqrt(u*u+v*v)
260	precip	total precipitation	surface	142+143

LEVEL 选择混合或压力水平。允许值取决于参数 TYPE。默认值-1 处理所有检测到的水平。

INTERVAL 选择处理区间。默认值 0 隔月处理数据。

INTERVAL=1 设置区间为天。

MEAN=1 计算和写入月或日平均变量。默认值 0 写出所有时间步长。

EXTRAPOLATE=0 从模型到压力水平插值过程中缺省值的外插切换外插(仅在 MEAN=0 和 TYPE=30 时可用)。默认值 1 外插缺省值。

TYPE、CODE 和 MEAN 的可能组合为:

TYPE	CODE	MEAN
0/10/11	130 temperature	0
0/10/11	131 u-velocity	0
0/10/11	132 v-velocity	0
0/10/11	133 specific humidity	0
0/10/11	138 vorticity	0
0/10/11	148 streamfunction	0
0/10/11	149 velocity potential	0
0/10/11	152 LnPs	0
0/10/11	155 divergence	0
>11	all codes	0/1

示例

为将 ECHAM 混合模式水平数据插值到 925、850、500 和 200 hPa,运行:

```
cdo after ifile ofile << EON
  TYPE=30 LEVEL=92500,85000,50000,20000
EON
```

2.15.3 FILTER-时间序列滤波

语法

bandpass, *fmin*, *fmax* ifile ofile

lowpass, *fmax* ifile ofile

highpass, *fmin* ifile ofile

描述

此模块提取 ifile 中每一网格点的时间序列并(快速傅立叶)转换为频域。根据特定的操作符和其参数,在频域中对某些频率进行滤波(设置为 0),光谱(倒置快速傅立叶)被变换回时域。为确定频率,应用 ifile 的时间轴。(由于此假设适用于变换,所以数据应该具有恒定的时间增量,但时间增量不能为零。)每一年(假设为 365 天)对由参数指定的所有频率进行解释。因此,如想精确执行多年滤波,须删除 2 月 29 日。如果 ifile 有 360 天日历,频率参数 $fmin$ 和 $fmax$ 应各自乘以系数 360/365 以获取精确结果。为设置频率滤波,频率参数须调整至数据频率。此处,$fmin$ 和 $fmax$ 上下取整。因此,可能对 ofile 应用无零变量 $fmin = fmax$ 带通滤波。有效使用提示:

- 为得到可靠结果,时间序列须去趋势处理(cdo 去趋势处理)
- 可包含在 ifile 的大于零的最低频率为 $1/(N * dT)$,
- 最大频率是 $1/(2dT)$(奈奎斯特频率),

N 为时间步数目,dT 为年度中 ifile 的时间增量。

操作符

bandpass   带通滤波

带通滤波(在 $fmin$ 和 $fmax$ 间传递频率)。阻止所有变量超出 $[fmin, fmax]$ 指定的频率范围。

lowpass   低通滤波

低通滤波(小于 $fmax$ 传递频率)。阻止所有频率变量大于 $fmax$。

highpass   高通滤波

高通滤波(大于 $fmin$ 传递频率)。阻止所有频率变量小于 $fmin$。

参数

$fmin$ FLOAT   每年通过过滤器的最小频率

$fmax$ FLOAT   每年通过过滤器的最大频率

示例

现假设应用的是 365/366 天数日历,但数据仍是每小时 5 年,想阻止时间点变量大于或等于一年(建议应用大于 1 的数字 x(例如 x=1.5),因为峰值周围会有主导频率(如有的话),而且由于时间序列不是无限长的问题)。因此,可以使用下列:

```
cdo highpass,x -del29feb ifile ofile
```

相应地,可以应用下列以阻止时间点变量小于一年:

```
cdo lowpass,1 -del29feb ifile ofile
```

最后若想阻止季节循环,且想要气候系统的周期更长,可以运行:

```
cdo bandpass,x,y -del29feb ifile ofile
```

$$x <= 0.5, 且 y >= 0.5。$$

2.15.4   GRIDCELL-网格单元数量

语法

<操作符> ifile ofile

描述

此操作符由输入流读取第一个网格的网格单元面积。若网格单元面积缺失则由网格描述计算。根据所选操作符,将网格单元面积或加权写入输出流。

操作符

gridarea   网格单元面积

　　　　　将网格单元面积写入输出流。如须计算网格单元面积,它以
　　　　　地球半径为平方米进行测算。

gridweights　　网格单元加权

　　　　　将网格单元面积加权写入输出流。

环境

PLANET_RADIUS　此变量用于将计算出的网格单元面积测算成平方
　　　　　米。默认将 PLANET_RADIUS 设置为地球半径
　　　　　6371000 米。

2.15.5　SMOOTH9-9 点滤波

语法

smooth9 ifile ofile

描述

在四边形曲线网格所有变量执行 9 点滤波。每个网格点的结果是网格点加
上 8 个周围点的加权平均值。。中心点权重为 1.0,每一边及上下点权重为 0.5,
角点权重为 0.3。所有的点乘以它们的权重并求和,然后除以总权重以获得滤波
值。总和不包括任何缺失数据点;将网格边界上的点认为是缺省值。因此,最终
结果可能是少于 9 点的平均结果。

2.15.6　REPLACEVALUES-替换变量值

语法

setvals,$oldval$,$newval$[,$\cdots$] ifile ofile

setrtoc,$rmin$,$rmax$,c ifile ofile

setrtoc2,$rmin$,$rmax$,c,$c2$ ifile ofile

描述

这个模块根据操作符的不同,用新的值替换旧的变量值

操作符

setvals　　将旧值列表设置为新值

　　　　　提供旧值与新值的 n 对列表。

setrtoc　　设范围为常量

$$o(t,x)=\begin{cases} c & \text{if } i(t,x)\geq rmin \wedge i(t,x)\leq rmax \\ i(t,x) & \text{if } i(t,x)<rmin \vee i(t,x)>rmax \end{cases}$$

setrtoc2　　设范围为常量,其他设为常量 2

$$o(t,x) = \begin{cases} c & \text{if } i(t,x) \geq rmin \wedge i(t,x) \leq rmax \\ c2 & \text{if } i(t,x) < rmin \vee i(t,x) > rmax \end{cases}$$

参数

$oldval, newval, \cdots$	FLOAT	旧值与新值对
$rmin$	FLOAT	下界
$rmax$	FLOAT	上界
c	FLOAT	界内新值
$c2$	FLOAT	界外新值

2.15.7 TIMSORT-时间排序

语法

timsort ifile ofile

描述

对每一变量位置的所有时间步的元素按升序排列。排列后为：

$$o(t_1, x) <= o(t_2, x) \qquad \forall (t_1 < t_2), x$$

示例

为对数据集所有时间步的所有变量元素排序,运行：

```
cdo timsort ifile ofile
```

2.15.8 VARGEN-生成变量

语法

const, $const$, $grid$ ofile

random, $grid$ [, $seed$] ofile

for, $start$, end [, inc] ofile

stdatm, $levels$ ofile

描述

生成一个或多个变量的数据集

操作符

const	创建常量
	创建常量,网格的所有变量元素具有相同值。
random	创建随机数变量
	创建区间[0,1]矩形分布随机数变量
for	创建时间序列

创建时间序列,其变量大小为 1,变量元素初值为 1 个时间步长,增量为 1 个时间步长

stdatm　　为流体静力创建压力和气温值

为给定垂直水平列表创建压力和气温值。公式为:

$$P(z) = P_0 \exp\left(-\frac{g}{R}\frac{H}{T_0}\log\left(\frac{\exp\left(\frac{z}{H}\right)T_0 + \Delta T}{T_0 + \Delta T}\right)\right)$$

$$T(z) = T_0 + \Delta T \exp\left(-\frac{z}{H}\right)$$

常量如下:

$T_0 = 213K$:抵消以得到 288K 的地面温度

$\Delta T = 75K$:10 km 温度递减率

$P_0 = 1\,013.25\,Pa$:地面气压

$H = 10000.0\,m$:标高

$g = 9.806\,65\,\dfrac{m}{s^2}$:地球重力

$R = 287.05\,\dfrac{J}{kgK}$:空气气体常量

这是流体静力学方程的答案,仅对对流层有效(恒定正向递减率)。平流层气温升高,未考虑上层大气的其他影响。

参数

const	FLOAT	常量
seed	INTEGER	新序列的伪随机数起源[默认值:1]
grid	STRING	标网格描述文件或名称
start	FLOAT	循环起始值
end	FLOAT	循环最终值
inc	FLOAT	循环增量[默认值:1]
levels	FLOAT	以米为单位的地面以上目标水平

示例

为在指定的水平网格中创建标准大气数据集:

```
cdo enlarge,gridfile -stdatm,10000,8000,5000,3000,2000,1000,500,200,0 ofile
```

2.15.9　ROTUVB-旋转

语法

rotuvb,*u*,*v*,··· ifile ofile

描述

此为旋转网格中具有风分量的数据集的特殊操作符,例如,原模式 REMO 的数据。它由旋转球面系统至地理系统执行速度分量 U 和 V 的向后转换。

参数

$u, v, \cdots$ STRING   纬线和经线速度分量对(应用变量名称或代码编号)

示例

为将 U 和 V 速度从旋转球面系统转换至地理系统数据集,运行:

```
cdo rotuvb,u,v ifile ofile
```

2.15.10 MASTRFU-质量流函数

语法

mastrfu ifile ofile

描述

这是一个大气环流模式后处理的特殊操作符。此操作符计算质量流函数(代码=272)。输入数据集须为压力水平下 V-速度[m/s](代码=132)的纬向均值。

示例

为从纬向平均 V-速度数据集计算质量流函数,运行:

```
cdo mastrfu ifile ofile
```

2.15.11 DERIVEPAR-海平面压力

语法

sealevelpressure ifile ofile

描述

该操作符计算海平面压力(air_pressure_at_sea_level)。要求的混合 sigma 压力水平中的输入变量为 surface_air_pressure、surface_geopotential 和 air_temperature。

2.15.12 ADISIT-位温至原位气温

语法

adisit[,pressure] ifile ofile

adipot ifile ofile

描述

操作符

adisit   位温至原位气温

这是一个海洋和海冰模式输出后处理的特殊操作符。它将绝热位温转换至原位气温至(t、s、p)。需要的输入变量是海水位温（名称＝tho；代码＝2）和海水盐度（名称＝sao；代码＝5）。由水平信息计算压力或由可选参数指定压力。输出变量是海水温度（名称＝to；代码＝20）和海水盐度（名称等于 s；代码＝5）。

adipot   原位气温至位温

这是一个海洋和海冰模式输出后处理的特殊操作符。它将原位气温转换至位温至(to、s、p)。需要的输入变量是海水原位温度（名称＝t；代码＝2）和海水盐度（名称＝sao，s；代码＝5）。由水平信息计算压力或由可选参数指定压力。输出变量是海水温度（名称＝tho；代码＝2）和海水盐度（名称＝s；代码＝5）。

参数

pressure FLOAT   以 bar 为单位的压力（将常量值赋值给所有水平）

2.15.13   RHOPOT-计算势密度

语法

rhopot[,pressure] ifile ofile

描述

此为海洋和海冰模式 MPIOM 后处理特殊操作符。它计算海水势密度（名称＝rhopoto；代码＝18）。需要的输入变量是海水原位位温（名称＝to；代码＝20）和海水盐度（名称＝sao；代码＝5）。由水平信息计算压力或由可选参数指定压力。

参数

pressure FLOAT   以 bar 为单位的压力（将常量值赋值给所有水平）

示例

为由位温计算海水势密度,结合 adisit 使用此操作符：

```
cdo rhopot -adisit ifile ofile
```

2.15.14   HISTOGRAM-柱状图

语法

<操作符>,*bounds* ifile ofile

描述

此模块对输入数据的柱状图创建二进制。二进制应相邻,有非重叠区间。用户须定义二进制界限。第一个值为第一个二进制的下界,第二个值为第一个二进制的上界。第二个二进制的界限由第二个和第三个值定义。仅允许 2 维输入变量。输出变量包含要求的每一个二进制的垂直水平。

操作符

histcount	柱状图计数	
	二进制范围中元素的数目	
histsum	柱状图总和	
	二进制范围中元素的总和	
histmean	柱状图均值	
	二进制范围中元素的均值	
histfreq	柱状图频率	
	二进制范围中元素的相对频率	

参数

bounds	FLOAT	二进制界限的逗号分隔列表(-inf 和 inf 有效)

2.15.15 SETHALO-设置变量左右边界

语法

sethalo,*lhalo*,*rhalo* ifile ofile

描述

此操作符设置矩形可理解变量的左右边界。参数 *lhalo* 的正数通过右边界栏指定的数字扩大左边界。参数 *rhalo* 对右边界执行类似操作。参数 *lhalo/rhalo* 的负数可用于移除左右边界栏指定的数字。

参数

lhalo	INTEGER	左晕
rhalo	INTEGER	右晕

2.15.16 WCT-风寒温度

语法

wct ifile1 ifile2 ofile

描述

将 ifile1 和 ifile2 作为温度和风速记录的时间序列,然后将其风寒温度的相应时间序列写入 ofile。风寒温度的计算仅在温度 T 小于等于 33 ℃和风速 v 大于等于 1.39 m/s 时有效。当这些条件不满足时,将缺省值写入 ofile。注意,温度和风速记录须分别以℃和 m/s 为单位。

2.15.17 FDNS-每个时间段无雪霜冻日指数

语法

fdns ifile1 ifile2 ofile

描述

设 ifile1 为日最低温度的时间序列 TN,ifile2 为日地面积雪量相应的序列。当 TN 小于 0 ℃,地面积雪量小于 1 cm 时,计算天数。温度 TN 的单位应为开尔文。ofile 时间步的日期信息是 ifile 最后有效时间步的日期。

2.15.18 STRWIN-每个时间段大风日指数

语法

Strwin [, v] ifile ofile

描述

设 ifile 为日最大水平风速 VX 的时间序列,当 VX 大于 v 时,计算天数。水平风速 v 为可选参数,默认 v 等于 10.5 m/s。更多的输出变量为大于或等于 v 的最大风速连续日数的最大值。注意,VX 和 v 的单位应为 m/s。同时注意,水平风速被定义为纬向和经向风速平方和的平方根。ofile 时间步的日期信息是 ifile 最后有效时间步的日期。

参数

v FLOAT   水平风速临界(m/s,默认 v 等于 10.5 m/s)

2.15.19 STRBRE-每个时间段强风日指数

语法

strbre ifile ofile

描述

设 ifile 为日最大水平风速 VX 的时间序列,当 VX 大于或等于 10.5m/s 时,计算天数。更多的输出变量为大于或等于 10.5m/s 的最大风速连续日数的最大数。注意,VX 被定义为纬向和经向风速平方和的平方根,单位为 m/s。ofile 时间步的日期信息是 ifile 最后有效时间步的日期。

2.15.20　STRGAL-每个时间段烈风日指数

语法

strgal ifile ofile

描述

设 file 为日最大水平风速 VX 的时间序列,当 VX 大于或等于 20.5m/s 时,计算天数。更多的输出变量为大于或等于 20.5m/s 的最大风速连续日数的最大数。注意,VX 被定义为纬向和经向风速平方和的平方根,单位为 m/s。ofile 时间步的日期信息是 ifile 最后有效时间步的日期。

2.15.21　HURR-每个时间段飓风日指数

语法

hurr ifile ofile

描述

设 ifile 为日最大水平风速 VX 的时间序列,当 VX 大于或等于 32.5m/s 时,计算天数。更多的输出变量为大于或等于 32.5m/s 的最大风速连续日数的最大数。注意,VX 被定义为纬向和经向风速平方和的平方根,单位为 m/s。ofile 时间步的日期信息是 ifile 最后有效时间步的日期。

2.15.22　FILLMISS-填充缺省值

语法

fillmiss ifile ofile

fillmiss2[,maxiter] ifile ofile

描述

操作符

fillmiss　　　填充缺省值

　　　　　　　通过邻近双线性插值法填充缺省值

fillmiss2　　　填充缺省值

　　　　　　　通过使用上/下/左/右邻近的最近值填充缺省值

参数

maxiter　　　INTEGER　　　执行此最近邻替换的迭代次数

专有名词

[CDI]

气候数据界面,出自马克斯普朗克气象研究所

[CM-SAF]

卫星设施在气候监测中的应用,出自德国气象局(Deutscher Wetterdienst, DWD)

[ECHAM]

大气环流模式 ECHAM5,出自马克斯普朗克气象研究所

[GrADS]

网格分析与显示系统,出自海洋陆地大气研究中心(COLA)

[GRIB]

GRIB 版本 1,出自世界气象组织(WMO)

[GRIBAPI]

GRIB API 解码/编码,出自欧洲中期天气预报中心(ECMWF)

[HDF5]

HDF 版本 5,出自 HDF 团队

[INTERA]

INTERA 软件包,出自马克斯普朗克气象研究所

[MPIOM]

海冰模式,出自马克斯普朗克气象研究所

[netCDF]

netCDF 软件包,出自 UNIIDATA 大学社大气研究计划中心

[PINGO]

PINGO 包,出自马克斯普朗克气象研究所模型与数据组

[REMO]

区域模型,出自马克斯普朗克气象研究所

[Peisendorfer]

Rudolph W. Peisendorfer:主构成分析,Elsevier(1988)

［PROJ.4］

制图投影库,最初由 USGS 的 Gerald Evenden 编写。

［SCRIP］

SCRIP 软件包,出自洛斯阿拉莫斯国家实验室

［szip］

Szip 压缩软件,由新墨西哥大学开发而成。

［vonStorch］

Hans von Storch,Walter Zwiers:气候研究中的统计分析,剑桥大学出版社 (1999)

［YAC］

YAC -又一个耦合器软件包,出自 DKRZ 和 MPI

附　录

附录 A　环境变量

下表描述了影响 CDO 的环境变量

变量名称	默认	描述
CDO_FILE_SUFFIX	None	默认文件后缀。这个后缀将被添加到输出文件名中，而不是从文件格式派生的文件名扩展名。NULL 将禁用添加文件后缀。
CDO_HISTORY_INFO	1	附加 netCDF 全局属性历史
CDO_PCTL_NBINS	101	柱状图二进制数目
CDO_RESET_HISTORY	0	设为 1，以重置 netCDF 全局属性历史
CDO_REMAP_NORM	fracarea	选择守恒插值的标准化
CDO_REMAP_RADIUS	180	以度为单位重映射搜索半径。通过操作符 remapdis 和 remapnn 来应用。
CDO_TIMESTAT_DATE	None	设置时间数据操作符的日期信息为"第一""中间"或"最后"有效时间步。
CDO_USE_FFTW	1	设为 0，以停止使用 FFTW。用于 Filter 模块。
CDO_VERSION_INFO	1	设为 0，以消除 netCDF 全局属性 CDO

附录 B 并行操作符

某些 CDO 操作符与 OpenMP 并行。为应用 CDO 和多重 OpenMP 线程,须设置线程数目和选项"-P"。以下是将双线性插值分配至 8 个 OpenMP 线程的示例:

```
cdo -P 8 remapbil,targetgrid ifile ofile
```

下列 CDO 操作符与 OpenMP 并行:

模块	操作符	描述
Detrend	detrend	去趋势
Ensstat	ensmin	总体最小值
Ensstat	ensmax	总体最大值
Ensstat	enssum	总体总和
Ensstat	ensmean	总体平均值
Ensstat	ensavg	总体算术平均值
Ensstat	ensvar	总体方差
Ensstat	ensstd	总体标准偏差
Ensstat	enspctl	总体百分位数
Filter	bandpass	带通滤波
Filter	lowpass	低通滤波
Filter	highpass	高通滤波
Fourier	fourier	傅立叶变换
Genweights	genbil	生成双线性插值权重
Genweights	genbic	生成双三次插值权重
Genweights	gendis	生成距离加权平均重映射权重
Genweights	gennn	生成最近邻重映射权重
Genweights	gencon	生成第一命令守恒重映射权重
Genweights	gencon2	生成第二命令守恒重映射权重
Genweights	genlaf	生成最大区域部分重映射
Gridboxstat	gridboxmin	网格矩形最小值
Gridboxstat	gridboxmax	网格矩形最大值

模块	操作符	描述
Gridboxstat	gridboxsum	网格矩形总和
Gridboxstat	gridboxmean	网格矩形平均值
Gridboxstat	gridboxavg	网格矩形计算平均值
Gridboxstat	gridboxvar	网格矩形方差
Gridboxstat	gridboxstd	网格矩形标准差
Remapeta	remapeta	重映射垂直混合层
Remap	remapbil	双线性插值
Remap	remapbic	双三次插值
Remap	remapdis	距离加权平均重映射
Remap	remapnn	最近邻点重映射
Remap	remapcon	一阶守恒重映射
Remap	remapcon2	二阶守恒重映射
Remap	remaplaf	最大区域部分重映射

附录 C 标准名称列表

CDO 支持下列 CF 标准名称。

CF 标准名称	单位	GRIB1 代码	变量名称
surface_geopotential	$m^2\,s^{-2}$	129	geosp
air_temperature	K	130	ta
specific_humidity	1	133	hus
surface_air_pressure	Pa	134	aps
air_pressure_at_sea_level	Pa	151	psl
geopotential_height	m	156	zg

附录 D 网格描述示例

D. 1. 曲线网格描述示例

这是一曲线网格的 CDO 描述示例。xvals/yvals 描述 6x5 四边形网格单元的位置。xbounds/ybounds 的前 4 个值是第一个网格单元角。

```
gridtype  = curvilinear
gridsize  = 30
xsize     = 6
ysize     = 5
xvals     = -21   -11     0    11    21    30   -25   -13     0    13
             25    36   -31   -16     0    16    31    43   -38   -21
              0    21    38    52   -51   -30     0    30    51    64
xbounds   = -23   -14   -17   -28         -14    -5    -6   -17          -5     5     6    -6
              5    14    17     6          14    23    28    17          23    32    38    28
            -28   -17   -21   -34         -17    -6    -7   -21          -6     6     7    -7
              6    17    21     7          17    28    34    21          28    38    44    34
            -34   -21   -27   -41         -21    -7    -9   -27          -7     7     9    -9
              7    21    27     9          21    34    41    27          34    44    52    41
            -41   -27   -35   -51         -27    -9   -13   -35          -9     9    13   -13
              9    27    35    13          27    41    51    35          41    52    63    51
            -51   -35   -51   -67         -35   -13   -21   -51         -13    13    21   -21
             13    35    51    21          35    51    67    51          51    63    77    67
yvals     =  29    32    32    32    29    26    39    42    42    42
             39    35    48    51    52    51    48    43    57    61
             62    61    57    51    65    70    72    70    65    58
ybounds   =  23    26    36    32          26    27    37    36          27    27    37    37
             27    26    36    37          26    23    32    36          23    19    28    32
             32    36    45    41          36    37    47    45          37    37    47    47
             37    36    45    47          36    32    41    45          32    28    36    41
             41    45    55    50          45    47    57    55          47    47    57    57
             47    45    55    57          45    41    50    55          41    36    44    50
             50    55    64    58          55    57    67    64          57    57    67    67
             57    55    64    67          55    50    58    64          50    44    51    58
             58    64    72    64          64    67    77    72          67    67    77    77
             67    64    72    77          64    58    64    72          58    51    56    64
```

D. 2 非结构网格描述示例

这是一非结构网格 CDO 描述示例。xvals/yvals 描述 30 个独立六边形网格单元的位置。xbounds/ybounds 的前 6 个值是第一个网格单元角。网格单元角须逆时针旋转。第一个网格单元颜色为红色。

```
gridtype   = unstructured
gridsize   = 30
nvertex    = 6
xvals      =  -36    36     0   -18    18   108    72    54    90   180   144   126   162  -108  -144
             -162  -126   -72   -90   -54     0    72    36   144   108  -144   180   -72  -108   -36
xbounds    =  339     0     0   288   288   309          21    51    72    72     0     0
                0    16    21     0   339   344         340     0    -0   344   324   324
               20    36    36    16     0     0          93   123   144   144    72    72
               72    88    93    72    51    56          52    72    72    56    36    36
               92   108   108    88    72    72         165   195   216   216   144   144
              144   160   165   144   123   128         124   144   144   128   108   108
              164   180   180   160   144   144         237   267   288   288   216   216
              216   232   237   216   195   200         196   216   216   200   180   180
              236   252   252   232   216   216         288   304   309   288   267   272
              268   288   288   272   252   252         308   324   324   304   288   288
              345   324   324    36    36    15          36    36   108   108    87    57
               20    15    36    57    52    36         108   108   180   180   159   129
               92    87   108   129   124   108         180   180   252   252   231   201
              164   159   180   201   196   180         252   252   324   324   303   273
              236   231   252   273   268   252         308   303   324   345   340   324
yvals      =   58    58    32     0     0    58    32     0     0    58    32     0     0    58    32
                0     0    32     0     0   -58   -58   -32   -58   -32   -58   -32   -58   -32   -32
ybounds    =   41    53    71    71    53    41          41    41    53    71    71    53
               11    19    41    53    41    19         -19    -7    11    19     7   -11
              -19   -11     7    19    11    -7          41    41    53    71    71    53
               11    19    41    53    41    19         -19    -7    11    19     7   -11
              -19   -11     7    19    11    -7          41    41    53    71    71    53
               11   .19    41    53    41    19         -19    -7    11    19     7   -11
              -19   -11     7    19    11    -7          41    41    53    71    71    53
               11    19    41    53    41    19         -19    -7    11    19     7   -11
              -19   -11     7    19    11    -7          11    19    41    53    41    19
              -19    -7    11    19     7   -11         -19   -11     7    19    11    -7
              -41   -53   -71   -71   -53   -41         -53   -71   -71   -53   -41   -41
              -19   -41   -53   -41   -19   -11         -53   -71   -71   -53   -41   -41
              -19   -41   -53   -41   -19   -11         -53   -71   -71   -53   -41   -41
              -19   -41   -53   -41   -19   -11         -53   -71   -71   -53   -41   -41
              -19   -41   -53   -41   -19   -11         -19   -41   -53   -41   -19   -11
```

操作符索引